导航与高精地图制作

主　编　刘红业　程泊静　胥　刚

副主编　吴　迪　王　颖　余　谦

参　编　谭　婷　李广青　谭　慧　蔡秋娥

机械工业出版社

本书共分为 5 个项目，分别为 GIS 数据采集、导航地图采编、高精地图制作、实景三维地图采编、拓展项目实践。本书坚持理论知识"必需、够用"的原则，突出理论与实践的紧密结合，在内容选择和编排上充分考虑了职业教育人才的培养需求。

本书可作为高等职业院校交通运输类、测绘类专业的教材，也可以作为职业本科、普通本科院校地理信息技术专业的选修课教材，还可以作为导航地图、高精地图相关工程技术人员的参考书。

为了便于读者自主学习、提高学习效率，本书配备了视频资源，可通过手机扫描书内二维码观看。

本书配有电子课件、试卷及答案等，凡使用本书作为教材的教师可登录机械工业出版社教育服务网（www.cmpedu.com）注册后免费下载。咨询电话：010-88379375。

图书在版编目（CIP）数据

导航与高精地图制作 / 刘红业，程泊静，胥刚主编 .—北京：机械工业出版社，2024.2

ISBN 978-7-111-75112-0

Ⅰ.①导…　Ⅱ.①刘…②程…③胥…　Ⅲ.①地理信息系统 – 地图编绘 – 教材　Ⅳ.① P208.2

中国国家版本馆 CIP 数据核字（2024）第 050838 号

机械工业出版社（北京市百万庄大街 22 号　邮政编码 100037）
策划编辑：葛晓慧　　　　　　责任编辑：葛晓慧　谢熠萌　于志伟
责任校对：贾海霞　牟丽英　　封面设计：王　旭
责任印制：刘　媛
北京中科印刷有限公司印刷
2024 年 3 月第 1 版第 1 次印刷
184mm×260mm · 11.25 印张 · 275 千字
标准书号：ISBN 978-7-111-75112-0
定价：48.00 元

电话服务　　　　　　　　　　网络服务
客服电话：010-88361066　　机　工　官　网：www.cmpbook.com
　　　　　010-88379833　　机　工　官　博：weibo.com/cmp1952
　　　　　010-68326294　　金　书　网：www.golden-book.com
封底无防伪标均为盗版　　机工教育服务网：www.cmpedu.com

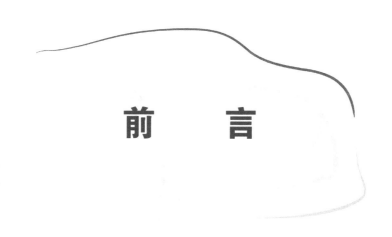

前　言

电子地图已成为现代社会中不可或缺的一部分。它能够提供准确的路线规划、实时交通信息、兴趣点搜索等功能，为人们出行提供了极大的便利。随着信息技术的不断进步和自动驾驶技术的推广，对高精度、高可靠性导航电子地图的需求将不断增加，对地图数据的质量和更新速度都提出了更高的要求，这也进一步推动了导航电子地图（即导航地图）行业的发展。导航地图的精细化发展需要从地图数据、实时交通信息、导航指示、用户体验和处理技术等多个方面进行提升和完善，这对导航电子地图制作与岗位人才的综合能力提出了更新、更高的要求。

行业要发展，人才是关键。为适应导航电子地图产业的发展需求和国家职业教育教学改革要求，培养地图数据采集、处理、更新和维护所需要的高层次技术技能型人才，遵循高等职业教育"理论知识以够用为度，重视实践能力提高"的指导思想，本书编写团队在深入行业企业调研的基础上，与企业专家共同梳理导航地图、高精地图数据采集、处理等职业岗位所需的职业能力，旨在竭力培养出能掌握导航与高精地图数据采图、制图、用图、精图的地图采编工程师。本书编写以地图采编工程师岗位工作流程为主线，按照项目驱动、任务引领的编写思路，遵循高职学生认知规律和专业学习规律，突出职业教育特色，设计了 GIS 数据采集、导航地图采编、高精地图制作、实景三维地图采编、拓展项目实践 5 个项目。

本书在编写过程中贯彻落实党的二十大精神，将职业素养和职业技能相结合，注重德技并修，书中内容符合职业教育改革需求。本书具有如下特点。

（1）落实立德树人根本任务，通过将专业知识蕴含的精益求精、求知探索、创新创业等精神与教材内容相结合，帮助学生树立正确的世界观、人生观、价值观，实现教材知识体系和价值体系的有机融合。

（2）构建以典型工作任务为中心的项目式教材体系，紧密对接电子地图产业发展趋势和人才需求，根据地图采编工程师岗位要求，解构导航地图数据、高精地图数据采集与处理等岗位核心技能，结合新技术、新工艺、新标准、典型岗位工作任务进行教材内容的项目化设计，满足新时期高精地图产业高素质人才培养的迫切需求。

（3）遵循高职学生认知规律和专业学习规律，教材内容引入职业标准、工作流程等内容，以任务驱动设计了"任务导入 - 任务目标 - 理论学习 - 学习测验 - 研精致思 - 任务实施 - 成果展示"的学习路径，融"教、学、做"为一体，体现了"任务驱动""项目导向"的教

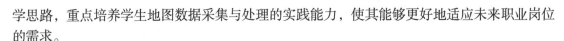
学思路，重点培养学生地图数据采集与处理的实践能力，使其能够更好地适应未来职业岗位的需求。

（4）适应"互联网＋教育"发展需求，运用现代信息技术使资源呈现立体化、动态化，本书配套有精美的教学课件、微课视频等线上教学资源，通过移动设备可随时随地扫描书中知识点旁边的二维码，观看教学微课视频，既能满足读者自主学习需求，又能满足教师开展线上线下混合式教学的需要，为师生提供更加便捷、高效的教学服务。

本书由湖南汽车工程职业学院刘红业、程泊静统一筹划，湖南汽车工程职业学院智能交通教学团队通过校企合作形式完成编写。具体编写分工如下：项目一由程泊静和王颖编写；项目二由胥刚和湖南南方测绘科技公司公司李广青编写；项目三由刘红业编写；项目四由刘红业、谭婷和谭慧编写；项目五由吴迪、余谦和蔡秋娥编写。

本书在编写过程中参阅和引用了国内外相关的论著和资料，在此向有关作者表示感谢。同时，本书的编写和出版得到了相关单位专家、同行和机械工业出版社的大力支持和帮助，在此也表示衷心的感谢！

限于作者的水平和经验，书中难免存在不足之处，恳请各位专家和读者给予批评和指正，以便今后进一步修订和完善。

编　者

二维码索引

V

（续）

目　　录

项目一
GIS 数据采集

项目任务

　　某城市计划建设一个新的交通枢纽，需要绘制一份高精度的城市地图，为交通规划提供基础数据。地图需要包括道路、建筑物、公园、河流等要素，并需要进行三维建模和仿真分析。GIS 数据采编是地理信息系统（GIS）中的重要环节，它涉及对空间数据的获取、处理、编辑和发布。在交通领域中，GIS 数据采编发挥着至关重要的作用，为交通规划、道路设计、交通管理等提供了基础的空间数据支持。作为 GIS 数据采编团队的一名新成员，对 GIS 数据采编的工作内容和流程还不太熟悉。为了让学习者能够更好地理解和融入团队，下面将通过一个实际项目来介绍 GIS 数据采编的基本概念、方法和流程。通过本项目的学习和实践，应能掌握地图数据采集基础知识，并能安装使用相关设备。

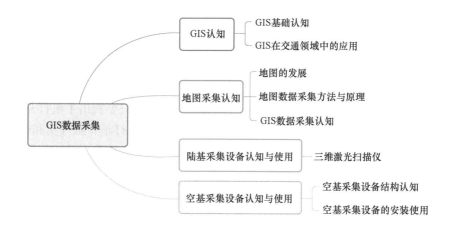

项目目标

【知识目标】

1. 理解和掌握 GIS 的基本概念、构成和应用领域。

2. 了解 GIS 在交通领域中的应用，如交通规划、路线优化等。

3. 掌握地图的基本概念、种类和发展历程。

4. 理解地图数据的采集方法和原理，包括地图设计、数据获取和编辑等。

5. 了解常见的地图数据格式和质量评估方法。

6. 掌握三维激光扫描仪的工作原理和应用领域。

7. 了解无人机的构造、工作原理和在地图数据采集方面的应用。

【能力目标】

1. 能够使用 GIS 软件进行地图数据的采集、编辑和发布。

2. 能够使用三维激光扫描仪进行物体表面的扫描和数据处理。

3. 能够使用无人机进行航空影像的采集和处理。

4. 能够根据项目需求选择合适的地图数据采集方法和设备。

5. 能够进行地图数据的质量评估和误差修正。

6. 能够根据项目需求进行地图数据的分析和应用。

【素养目标】

1. 培养严谨细致的工作态度和科学的工作方法。

2. 提高观察和分析问题的能力，能够独立思考和解决问题。

3. 增强团队意识和协作精神，能够与他人合作完成项目任务。

4. 增强创新意识和创新能力，能够不断探索新的技术和方法。

5. 培养良好的职业道德和职业素养，能够遵守相关规定和规范。

任务 1.1　GIS 认知

🏠 任务导入

当我们想了解一个城市或自己周边有什么美食、景点时，只要掏出手机打开百度、高德这些 APP，就可以快速查找并浏览到相关的信息。当我们需要打车、点外卖和收发快递时，只要输入自己想去的地方、想点餐的店家，就能"一键"直达。这些生活中的便利都离不开 GIS。

那么究竟什么是 GIS，GIS 有何作用呢？带上这些问题，让我们开始"GIS 认知"的学习之旅吧。

🏠 任务目标

【知识目标】

1. 掌握 GIS 的定义。

2. 掌握 GIS 的构成。

【能力目标】
能描述 GIS 的定义与构成。
【素养目标】
培养学生的求知探索精神。

 **理论学习**

知识点 1　GIS 基础认知

1. GIS 的定义

GIS 是地理信息系统的英文缩写，它是以空间数据库为基础，采用了多种地理模型的分析，实现地理信息数据采集、存储、检索、分析、显示、预测和更新的计算机系统。GIS 处理、管理的对象是多种地理实体和地理现象数据及其关系，包括空间定位数据、图形数据、遥感图像数据、属性数据等，用于分析和处理在一定地理区域内分布的地理实体、现象及过程，解决复杂的规划、决策和管理问题。简而言之，地理信息系统是对空间数据进行采集、编辑、存储、分析和输出的计算机信息系统。它由计算机科学、地理科学和系统管理学等多个学科交叉组成。

一个实用的地理信息系统，要支持对空间数据采集、管理、处理、分析、建模和显示等功能，其基本构成应包括以下主要部分：系统硬件、系统软件、空间数据、应用模型、系统管理和操作人员。其核心部分是系统硬件、系统软件，空间数据反映 GIS 的地理内容，应用模型是解决问题的方法，而系统管理和操作人员则决定系统的工作方式和信息表示方式。

2. 空间数据的类型和特征

（1）空间数据类型　地理信息中的数据来源和数据类型很多，概括起来主要有以下5 种：

1）几何图形数据。它来源于各种类型的地图和实测几何数据。几何图形数据不仅要反映空间实体的地理位置，还要反映实体间的空间关系。

2）影像数据。它主要来源于卫星遥感、航空遥感和摄影测量等。

3）属性数据。它来源于实测数据、文字报告，或地图中的各类符号说明，以及从遥感影像数据通过解释得到的信息等。

4）地形数据。它来源于地形等高线图中的数字化、已建立的格网状的数字高程模型（DEM），或其他形式表示的地形表面（如 TIN）等。

5）元数据。它是对空间数据进行推理、分析和总结得到的有关数据的信息，如数据来源、数据权属、数据产生的时间、数据精度、数据分辨率、元数据比例尺、地理空间参考基准、数据转换方法等。

（2）空间数据特征　在地理信息系统中，由于空间数据代表着现实世界的地理实体或现象在信息世界中的映射，因此它反映的特征同样应该包括自然界地理实体向人类传递的基本信息。要完整地描述空间实体或现象的状态，一般需要同时有空间数据和属性数据。如果要描述空间实体或现象的变化，则还需要记录空间实体或现象在某一个时间的状态。因此，一般认为空间数据具有以下 3 个基本特征：

1）空间位置特征。它表示空间实体在一定的坐标系中的空间位置或几何定位，通常采用地理坐标的经纬度、空间直角坐标、平面直角坐标和极坐标等来表示。空间位置特征也称为几何特征，包括空间实体的位置、大小、形状和分布状况等。

2）属性特征。属性特征也称为非空间特征或专题特征，是与空间实体相联系的，表征空间实体本身性质的数据或者数量，如实体的类型语义定义、量值等。属性通常分为定性和定量两组，定性属性包括名称、类型、特性等，定量属性包括数量、等级等。

3）时间特征。时间特征是指空间实体随着时间变化而变化的特征。空间实体的空间位置和属性相对于时间来说，可能会存在空间位置和属性同时变化的情况，如旧城区改造中房屋拆迁，新建行业中心；也存在空间位置和属性独立变化的情况，即实体的空间位置不变，但属性发生变化，如土地使用权转让，或者属性不变而空间位置发生改变，如河流的改造。

空间数据特征如图 1-1 所示。

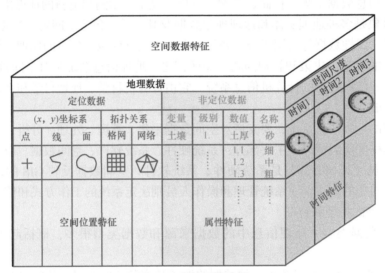

图 1-1　空间数据特征

3. GIS 数据模型

在 GIS 中可以采用不同的数据编码方式，主要遵循两种基本方式：矢量模型或栅格模型。

（1）矢量模型　矢量数据采用一系列 x-y 位置来存储信息。矢量模型处理的空间图形实体是点、线、面，能够精确地表达图形目标，精确地计算空间目标的参数（如周长、面积）。基本量对象有三种，分别是点、线和面（多边形），这些对象常称为要素（Feature）。

1）点（Point）：点既可以是一个标识空间点状实体，如加油站等，也可以是结点（Node），即线的起点、终点或交点，或是标记点，仅用于特征的标注和说明。

2）线（Line）：线是具有相同属性的点的轨迹。线的起点和终点表明了线的方向。道路、河流、地形线、区域边界等均属于线状地物，可抽象为线。当线连接两个结点时，也称为弧段。

3）面（Area）：面是由线包围的、有界连续的、具有相同属性值的面域，或称为多边形。多边形可以嵌套，被多边形包含的多边形称为岛。

在所有这些情况下，要素都采用一个或更多 *x-y* 坐标位置进行表达，点由单个 *x-y* 坐标对组成，线包括两对或者更多对坐标（线的端点称为节点，每一个中间点称为拐点），面是定义闭合区域的一组拐点。

（2）栅格模型　栅格模型是以二维矩阵的形式来表示空间地物或现象分布的数据组织方式，它是将空间分隔成有规则的网格，在各个网格上给出相应的属性值来表示地理实体的一种数据组织形式。每个网格是被称为像元（Cell）或像素（Pixel）的小方格，每个像元具有标明土地用途的一个数字编码，整个栅格被存储为一个数字阵列，并且为了显示需要而给每个代码值分配了一种不同的颜色。栅格数据集以一系列行与列的形式表示出来，每个像元通过其在阵列中的位置进行表示，用行列号表示位置，如行为 4、列为 7。

栅格数据结构表示的地表是不连续的，是量化和近似离散的数据。在栅格数据结构中，地理空间被分成相互邻接、规则排列的栅格单元，一个栅格单元对应一小块地理范围。在栅格数据结构中，点用一个栅格单元表示；线状地物则用沿线走向的一组相邻栅格单元表示，每个栅格单元最多只有两个相邻单元在线上；面或区域用记有区域属性的相邻栅格单元的集合表示，每个栅格单元可有多于两个的相邻单元同属一个区域，如图 1-2 所示。

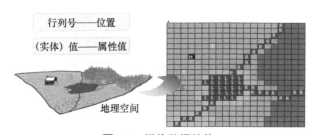

图 1-2　栅格数据结构

【知识链接】请扫码查看微课视频：GIS 的认知

知识点 2　GIS 在交通领域中的应用

目前 GIS 主要应用于交通领域中的勘测设计、规划、管理等方面，其系统称为交通地理信息系统（Geography Information System-Transportation，GIS-T）。GIS-T 是将 GIS 技术与多种交通信息分析和处理技术进行集成，交通工程人员把 GIS 与相应地区的交通地图相结合，可将区域内交通地理图及其有关的路网、兴趣点等交通数据，按照规定比例建立可视化数字地图和交通地理信息数据库，并通过制图、可视化、视频的方式，将交通设施、设备有关的信息以图形、图像、文本、声音的方式，形象、直观、准确而全面地展示在用户眼前。

GIS 按照空间划分可分为二维 GIS 和三维 GIS。二维 GIS 和三维 GIS 在交通建设和发展过程中有着重要作用。

1. 二维 GIS 在交通中的应用

在智能交通场景中，二维 GIS 通过平面地图的形式，将交通网的各种基础数据（交通设施、设备、道路等）以点、线、面的形式表达和表示，实现交通设施、设备等在电子地图上的精准定位、行车轨迹重现、热力图渲染、预警位置显示等功能，使交通管理者和用户能够在二维平面上直观了解交通设施、设备点位分布情况、公路线路的空间位置与走向、实时交通运行态势，以及交通流量等多方位信息，如图 1-3 所示。

图 1-3　地物定位与文字描述

生活中用到的导航地图就是 GIS 的一种应用，导航电子地图最大的作用便是进行导航和定位，GIS 配合电子地图提供实时导航数据信息，具有空间拓扑关系，能显示真实的地理位置，用户可以在矢量电子地图上进行任意的地图漫游和地理实体搜索，同时进行路径规划，选择最优、最短路径。

未来，GIS 电子地图将具有城市地理、资源、生态环境、人口、经济、社会等复杂数据，实现数字化、网络化、虚拟仿真、优化决策支持和可视化表现等强大功能，为人们的日常生活提供更多的智能服务。

2. 三维 GIS 在交通中的应用

随着技术的发展，三维 GIS 作为二维 GIS 的升级版，为智能交通带来了新的视角与可能。三维 GIS 在空间信息的展示上更加直观，多维度空间分析能力也更加强大。三维 GIS 将交通设施 BIM 模型与地形数据、倾斜摄影数据、激光点云数据等三维数据相融合，并叠加遥感影像等二维空间数据和气象等环境数据，既可以为交通设施虚拟场景的搭建提供三维可视化场景，也可以为自动驾驶车辆提供高精地图导航、路径规划等，如图 1-4 所示。

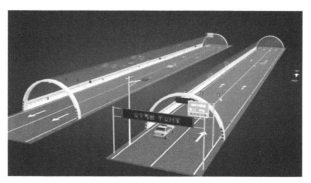

图 1-4　高精度隧道三维模型

【知识链接】请扫码查看微课视频：GIS 在交通领域的应用

学习测验

1.【单选题】地理信息系统的英文缩写是（　　　）。

A. GIS B. GPS C. GRS D. GNS

2.【多选题】地理信息系统的构成包括（　　　）。

A. 硬件 B. 软件

C. 数据 D. 模型

3.【多选题】GIS 是以下哪些学科的集合应用？（　　　）

A. 地理学 B. 信息技术

C. 经济学 D. 系统管理学

4.【单选题】GIS 所包含的数据均与（　　　）相联系。

A. 非空间属性 B. 空间位置

C. 地理事物的类别 D. 地理数据的时间特征

5.【判断题】信息是通过数据形式来表示的，是加载在数据之上的。（　　　）

6.【判断题】GIS 技术起源于计算机地图制图技术，因此，地理信息系统与计算机地图制图系统在本质上是同一种系统。（　　　）

研精致思

通过对 GIS 认知的学习，请大家思考：GIS 与我们的专业有什么关联？我们将来能为这个行业做些什么？

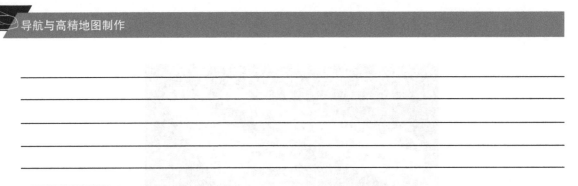
_____

_____

_____

_____

_____

_____

_____

 任务实施

GIS 在地图导航领域的发展现状与趋势探讨

【任务要求】

在数字时代，地理信息技术正在经历一场革命性的变革，引领人们进入一个全新的地理信息时代，它不再局限于传统的地图制作与空间分析，正逐步融合至各个领域。在城市化、信息化、市场化三大浪潮的推动下，GIS 具有了广阔的应用前景和市场空间，但是机遇与挑战并存，在传统观念、基础设施、技术力量、经济基础和法律法规等建设方面，还需要进一步完善和提高。

请大家以 5 人 / 组为单位，结合所学知识，查阅相关资料，完成 GIS 在地图导航领域的发展现状与趋势分析报告，并派代表进行成果汇报。

【成果展示】小贴士：分析报告可以打印出来粘贴到文本框内哦！

任务 1.2　地图采集认知

任务导入

1973 年，在湖南省长沙马王堆 3 号西汉墓发现了 3 张地图——马王堆帛书地图，如图 1-5 所示，它是中国现存时代最早的地图之一，这些地图表现了我国 2100 多年前地图科学的蓬勃发展和地图采集技术的水平。

地图采集是一门历史悠久的学科，也是人类认识和探索地球的重要手段。当前地图采集已经进入数字化时代，成为现代科技与地理知识的完美结合，为人类探索未知的世界提供了更广阔的空间。那古代在没有全球导航卫星系统定位的情况下是怎么绘制地图的？现代社会地图采集的方式又有哪些呢？带上这些问题，让我们开始"地图采集认知"的学习之旅吧。

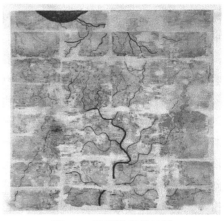

图 1-5　马王堆帛书地图

任务目标

【知识目标】

1. 了解地图的演变发展。

2. 掌握地图数据采集的方法与原理。

【能力目标】

能描述地图数据采集的方法与原理。

【素养目标】

培养学生具有求知探索精神。

理论学习

知识点 1　地图的发展

1. 古代地图

在中国古代，人们把地图称为"舆图"，其中"舆"的本意是车的底座，是用来承载物体的，也指出了古人绘制地图的主要方式——坐车上（或骑马、乘船、步行等）前往需要测绘的地域，使用简单的测量设备以及测量技术，再根据亲眼看到的地理信息记录下来，绘制到地图上，就成为一幅舆图。

中国古代的 3 种典型绘图形式如下：

（1）以山川为基准的地图　这种方式是古代绘图使用最普遍的方式。它的基本原理为首先将县城画在地图中央，再把辖区内的主要山川、河流相对于县城的大致方位描绘出来，最后将各个村镇和道路填充到山川河流中间。这些山川河流的具体方位及走向需要绘图者带着测距仪器和定向设备去确定，也就是用脚去走出来。由于古代没有定位技术，且测距仪器也比较落后，因此误差较大，而且随着地图范围的扩大，这种误差会逐渐累积。

（2）以航线为基准的地图　航线即水运、海运的航线。这种绘图方式比较简单，以中国历史上最著名的京杭大运河为例分析：首先在地图中间绘制出京杭大运河，首起北京，然后绘图者坐船从北京出发沿着大运河一路往南，将沿途的城市和山川地貌记录下来，画在运河两侧；最后当绘图者到达终点杭州时，在地图的末端画上杭州完成绘制。这种方式的优点是方向定位较准；缺点是画图的区域较窄，仅限河流两侧附近的区域。

（3）以客观为基准的地图　在古代战场上精准的地图尤为重要，有利于熟悉作战环境、能及时调兵遣将，是战争胜利的重要因素。前两种方法以绘图者的主观印象出发，误差较大，无法满足需要，对于具有战略意义的区域必须采用更加科学、更加准确的方式来绘制地图，因此"计里画方"，即客观比例法应运而生。"计里画方"是按比例尺绘制地图的一种方法，是中国古代地图上为使地图图形缩小尺寸正确而使用的一种按比例绘出格网的方法，与现代比例尺相似，即在地图里绘满固定比例的方格，每个方格代表固定的里程，相当于现代地形图上的比例尺，比如 1∶10000，即图上的一个小格就代表实际 10km，然后根据实际方位、实际距离将城镇和地貌填充到方格上。这种绘制方式精度要求较高，需要进行大量的工作，地形方丈图如图 1-6 所示。

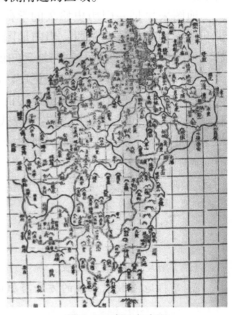

图 1-6　地形方丈图

2. 近代纸质地图

纸质地图是传统意义上的行政地图或者交通旅游图，它将一些国道、省道、较大的街道、大型的建筑物、学校、地铁口等信息标注在上面。由于纸质地图的比例尺一般为 1∶50000，道路的具体情况（红绿灯、坡度、单 / 双行道）等无法显示在纸质上面，因此纸质地图上显示的信息有限。

一张纸质地图的制作需要通过测、编、绘、印 4 个步骤。

（1）测　地图制作的第一步是"测"，主要是为了获得地物的位置信息。由于地球并不是一个正圆体，其表面高低起伏变化大，需要确定地面点的位置，需要建立统一的坐标系，确定它的水平和高程的零点，我国当前使用的最新国家大地坐标系是 2000 国家大地坐标系，其原点为包括海洋和大气的整个地球的质量中心，是测制国家基本比例尺地图的基础。

确定坐标系统之后，就可以利用各种测量仪器、传感器以及集成系统，对自然地理要素或者地表人工设施的形状、大小、空间位置及其属性等进行测定、采集，并且通过关联各类型地物要素（如地貌、水系、植被和土壤等自然地理要素，居民地、道路网、通信设备、工农业设施、经济文化和行政标志等社会经济要素）形成基础地形图或基础地理信息数据库。目前获得地物空间地理信息的方式主要有外业测量、航空遥感测量、街景采集、无人机航拍、三维激光扫描等，由于获取信息的方式日趋多样便捷，所以数据的类型也更加丰富。

（2）编　地图制作的第二步是"编"，地图的编制需要遵循相关地图编制行业规范，根据实际需要确定地图制图区域和尺寸大小。不同的制图区域和地图尺寸决定了地图的比例尺大小，决定了地图内容的详细程度。

（3）绘　地图制作的第三步是"绘"，它主要是依照设计好的规则利用数据成果绘制成地图。

（4）印　地图制作的第四步是"印"，地图绘制好之后，需要按照相关法律法规通过自然资源部门的地图审核，审核通过的地图，就可进行制版印刷了。

3. 导航电子地图

随着城市的快速变化，纸质地图已经不能满足人们日益增长的出行需求，电子地图应运而生。电子地图也就是数字地图，它是利用计算机技术，以数字方式存储和查阅的地图。它通过把纸质地图（或航空、航天相片）上离散和连续分布的点、线、面符号及注记，按一定规则分离为一系列离散的点，测出其空间位置，并按一定的编码、数据结构模式，描述它们的属性、位置和拓扑关系，使之变为电子计算机能够识别、存储和处理的地形信息，即完成图/数转换；再依数据结构设计出逆反的数/图转换软件，使之能根据需要，在屏幕上集合生成以符号、注记表示的电子地图。

最初的电子地图也就是第一代导航电子地图，主要由主机、显示器、芯片、定位系统等组成，其功能比较单一，呈现方式为2D平面地图。使用的时候需要将对应城市的地图数据下载至本地，路径规划则通过本地芯片进行计算后得出结果。由于缺乏实时交通流数据，路径规划的计算逻辑主要考虑起点与终点距离以及道路属性，未将实际道路的拥堵情况考虑在内。同时因未联网，地图需要手动下载和手动更新，操作起来有诸多不便。

随着互联网浪潮的来临，导航地图更新迭代到了第二代，此时它不再是独立的个体，而是通过APP形式呈现，路径规划的算法得到大量升级，并融入了大数据、云计算等新技术，能在时间短、距离短、费用少、拥堵少等路径信息方面进行多种选择，但在面对高架桥或者环形路线的时候，其仍会出错，精准度还需要完善。

4. 高精地图

随着自动驾驶汽车的发展，一种新兴的专为自动驾驶服务的导航地图——高精地图应运而生。高精地图的绝对精度可以达到亚米级，还包含丰富的车道级信息，能准确描述道路形状及每个车道的坡度、曲率、航向、高程、侧倾等数据，可以帮助车辆实时感知周围环境、准确地定位地点、识别障碍物和实时规划最优路线。高精地图具有"高精度""高动态""多维度"的特点。高精度是因为其精度可以达到厘米；高动态是因为数据可以实时更新；多维度是因为其涵盖了道路网、车道网、安全辅助道路、交通设施等。

高精地图的实现需要大量的数据和算法支持，首先需要使用先进的测量采集设备对道路数据进行更精细的数据采集，再通过更加精细的数据处理制作出包含丰富道路信息数据的地图。此外，高精地图还需要自动驾驶系统的配合，才能将实时的感知数据与地图信息进行融合，为车辆提供最准确和最安全的导航服务。

【知识链接】请扫码查看微课视频：地图采集的历史与发展

知识点 2　地图数据采集方法与原理

测绘技术是一门应用广泛且不可或缺的学科，它通过一系列的方法和技术，致力于获取、处理和分析地理空间信息。这项技术在现代社会中扮演着重要角色，影响着人们的生活、经济、环境和资源管理等方方面面。数据采集作为测绘过程中的关键环节，涉及搜集、记录和整理地理信息的各种方法和技术。在测绘技术中，常见的数据采集方法包括航空遥感测量、地面测量、全球导航卫星系统（GNSS）测量。

1. 航空遥感测量

航空遥感测量是一种通过飞行器（通常是飞机或卫星）搭载各种传感器，通过接收地表反射或辐射的电磁波，以获取地球表面信息的高效的数据采集技术，可以快速获取大范围的地理信息。这些传感器可以包括摄影机、激光雷达、多光谱仪、红外线传感器等。航空遥感技术通过分析这些传感器接收到的数据，可以实现对地表特征的探测、监测和测量。

航空遥感测量这种非接触性的测量方法在各种领域中都具有广泛的应用价值。航空遥感测量的基本原理包括以下几个方面：

（1）电磁波传播　太阳光是地球表面的主要能量源，它会照射到地表并被不同的物体和地形反射、吸收或透射。这些反射、吸收和透射的过程涉及不同波长的电磁波。航空遥感利用不同波长的电磁波来获取地表信息，如可见光、红外线等波段。

（2）反射和辐射特性　不同类型的地表特征（如水体、植被、建筑物、土壤等）对不同波长的光有不同的反射和辐射特性。这些特性形成了光谱特征，可以通过传感器测量并转化为数字数据。

（3）传感器接收　传感器安装在飞行器上，接收地表反射或辐射的电磁波。传感器可以分为被动传感器（只接收自然光）和主动传感器（自身发射电磁波，如雷达），不同传感器具有不同的测量特性和适用范围。

（4）数据获取和处理　传感器接收到的模拟信号被转化为数字数据，然后通过信号处理、校正、配准等步骤，将原始数据转化为可用于分析的地理信息数据。

（5）地物分类和分析　处理后的数据可以进行地物分类，即将图像中的像元（图像的最小单元）分为不同的地物类型，如水域、森林、农田等。这些信息可以用于环境监测、资源管理、土地利用规划、灾害监测等应用。

2. 地面测量

地面测量的原理基于几何学和三角测量学的基本原理。地面测量通过测量仪器测量角度、距离和高程等信息，然后利用三角测量和几何学原理，计算出地表上各个点的位置、形状和高程，是一种通过各种测量仪器和技术，直接在地球表面上进行测量的方法。这种测量方法广泛应用于建筑工程、土地规划、地质勘探、基础设施建设等领域。地面测量的主要目的是获取地表的形状、位置、高程等信息，以便用于地图制作、工程设计、土地管理等领域。

地面测量的基本原理和步骤包括以下几个方面：

（1）测量仪器的选择　根据测量的需求，选择合适的测量仪器，如全站仪、水准仪、测距仪、GPS 接收器等。不同的测量仪器有不同的精度和适用范围。

（2）观测点的设置　在需要测量的区域内，选择一定数量的观测点，这些点的位置应该能够覆盖整个测量区域，并且能够与其他点建立准确的空间关系。

（3）测量操作　使用测量仪器进行实地测量。全站仪可以测量水平角、垂直角和斜距，水准仪用于测量高程，测距仪用于测量距离，GPS 接收器用于测量位置信息。

（4）数据处理　测量数据被记录下来后，需要进行数据处理，包括数据的校正、配准、精度评定等。这些步骤确保测量结果的准确性和可靠性。

（5）地图制作和应用　处理后的数据可以用于绘制地图、进行地形分析、制订工程设计方案等。这些地面测量数据在城市规划、基础设施建设、土地利用规划等方面发挥着重要作用。

3. 全球导航卫星系统（GNSS）测量

全球导航卫星系统（GNSS）测量是利用全球导航卫星系统，如中国的北斗卫星导航系统（BDS）、美国的全球定位系统（GPS）、俄罗斯的全球导航卫星系统（GLONASS）和欧洲的卫星导航系统（Galileo），来确定地球上任何点的位置、速度、时间等信息的测量技术。GNSS 测量可以在全球范围内提供高精度的三维定位数据，被广泛应用于测绘、导航、地质勘探、航空航天等领域。

GNSS 测量的原理基于信号传播的时间差和三角测量的基本原理。通过测量卫星信号传播的时间和接收器的位置，可以确定接收器的位置。现代的 GNSS 接收器结合了高精度的原子钟和精密的信号处理技术，能够提供亚米级别甚至更高精度的位置信息，使得 GNSS 测量在各种应用中都具有重要价值。GNSS 测量的基本原理和步骤包括以下几个方面：

（1）卫星信号发射　GNSS 中的卫星发射一定频率的无线电信号，包含卫星的精确位置和时间信息。

（2）接收卫星信号　GNSS 接收器接收卫星信号，并计算信号从卫星到接收器的传播时间。接收器通常至少同时接收 4 颗卫星的信号，以便进行多晶体解算（通常至少需要 4 颗卫星信号来计算三维位置）。

（3）信号传播时间测量　接收器测量每颗卫星信号从发射到接收的传播时间，通过测量信号传播的时间差来计算信号的传播距离。

（4）定位计算　GNSS 接收器将接收到的卫星信号的传播时间与卫星位置信息结合，使用三角测量的原理，计算出接收器所在位置的三维坐标（经度、纬度、高度）。

（5）差分校正　在精密测量应用中，可能需要使用差分 GNSS 测量技术。这种技术通过参考站的已知位置，测量参考站与测量站之间的误差，并将这些误差校正应用于测量站的数据，以提高测量精度。

（6）数据处理和应用　GNSS 测量数据可以通过各种软件进行处理和分析，用于绘制地图、进行地形分析、制订导航路线、进行变形监测等应用。

知识点 3　GIS 数据采集认知

1. GIS 数据采集概念

GIS 数据采集是指将从现实世界中获取的地理信息转化为数字化的格式，以便存储、分析，并展示在地理信息系统（GIS）中的过程。这个过程可以包括采集地理空间数据（如地点、线条、面）和属性数据（如人口统计、土地利用类型），这些数据是 GIS 分析和决策的基础。

2. GIS 数据采集的原理

GIS 数据采集的原理基于地理信息的数学表示和计算机科学。在数据采集中，需要考虑以下几个基本原理：

（1）几何信息采集　几何信息包括地理特征的位置（经度、纬度、高程）和形状（点、线、面）。几何信息的采集可以通过 GNSS 定位、全站仪测量、遥感影像解译等方式实现。

（2）属性信息采集　除了几何信息，GIS 数据也包含属性信息，如人口统计、土地所有权、资源类型等。这些信息通常来自调查问卷、统计数据、官方报告等。

（3）数据精度和准确性　数据采集需要保持一定的精度和准确性。精度是指地理特征在地球上的实际位置与采集位置之间的差距，准确性则是指数据的真实性和可信度。

（4）数据一致性　数据采集应确保不同数据层之间的一致性，即地理特征之间的关系和相互作用在整个数据集中是一致的。

3. GIS 数据采集的步骤

GIS 数据采集需要进行数据需求分析、采集方法选择、数据采集工具选择、采集数据的验证和修正、数据管理和存储、数据共享和应用等，最终确保采集到的数据具有高质量和可用性。

（1）数据需求分析　在进行 GIS 数据采集之前，需要明确所需数据的类型、精度、空间分辨率等。这可以通过与相关领域的专家和利益相关者进行讨论来确定。

（2）采集方法选择　可根据数据需求，选择合适的采集方法。例如，对于地形数据，可以使用激光雷达；对于土地利用数据，可以使用遥感影像解译；对于社会经济数据，可以进行调查问卷调查等。

（3）数据采集工具选择　选择适用的数据采集工具，包括 BDS 设备、全站仪、遥感传感器、数据输入软件等。

（4）采集数据的验证和修正　采集的数据需要进行验证，以确保其准确性和一致性。在验证中，可能需要进行数据修正，使其符合预定的标准和精度要求。

（5）数据管理和存储　采集到的数据需要进行管理和存储，确保数据的安全性和可用性，它包括数据的备份、数据库设计和元数据管理等。

（6）数据共享和应用　最终采集到的数据可以被用于各种 GIS 应用，如地图制作、空间分析、决策支持等。在这个阶段，数据可能需要进行格式转换、集成等处理，以满足具体应用的需要。

【知识链接】请扫码查看微课视频：地图采集原理与方式

学习测验

1.【单选题】GIS 数据采集的主要目的是（　　　）。

A. 保存文件　　　　　　　　　　　B. 获取数字化的地理信息

C. 制作纸质地图　　　　　　　　　D. 收集口述历史记录

2.【单选题】GIS 数据采集的原理基于（　　　）。

A. 化学反应　　　　　　　　　　　B. 地理信息的数学表示和计算机科学

C. 天文观测　　　　　　　　　　　D. 人工智能算法

3.【单选题】以下哪个不是地理信息数据的类型？（　　　）

A. 矢量数据　　　　　　　　　　　B. 栅格数据

C. 图片数据　　　　　　　　　　　D. 气象数据

4.【单选题】在进行 GIS 数据采集之前，首先应该（　　　）。

A. 随意选择采集方法　　　　　　　B. 明确数据需求

C. 随便选择采集工具　　　　　　　D. 忽略数据的精度要求

5.【单选题】数据采集中的"准确性"指的是（　　　）。

A. 数据的真实性和可信度　　　　　B. 数据的多样性

C. 数据的复杂性　　　　　　　　　D. 数据的数量

研精致思

通过对 GIS 数据采集的学习，请大家思考：你认为在进行 GIS 数据采集时，数据的准确性和精度为何如此重要？如果 GIS 数据采集中出现误差，可能会对最终的 GIS 应用产生什么影响？请提供具体案例分析。

_____

_____

_____

_____

_____

_____

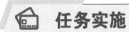

任务实施

"天地图"获取校园数据

【任务要求】

"天地图"是国家测绘地理信息局建设的地理信息综合服务网站。它集成了来自国家、省、市（县）各级测绘地理信息部门，以及相关政府部门、企事业单位、社会团体、公众的地理信息公共服务资源，向各类用户提供权威、标准、统一的在线地理信息综合服务。它是"数字中国"的重要组成部分，是国家地理信息公共服务平台的公众版。"天地图"建立的目的在于促进地理信息资源共享和高效利用，提高测绘地理信息公共服务能力和水平，改进测绘地理信息成果的服务方式，更好地满足国家信息化建设的需要，为社会公众的工作和生活提供方便。

那么怎么根据"天地图"获取相关地图数据呢？请大家以 5 人 / 组为单位，结合所学知识，查阅相关知识，完成利用"天地图"获取校园地图数据的分析报告，并派代表进行成果汇报。

【成果展示】小贴士：分析报告可以打印出来粘贴到文本框内哦！

任务 1.3　陆基采集设备认知与使用

任务导入

　　制作精准的电子地图，首先需要采集准确的道路地理数据。这些地理数据是通过不同的数据采集方式采集而成，主要可以分为实地采集、航拍采集、卫星遥感图像采集等方式。实地采集是确保地图数据精准的重要手段，那么实地采集主要通过哪些设备来采集呢？各种不同的采集设备又有哪些优缺点呢？带上这些问题，让我们开始"陆基采集设备认知与使用"的学习之旅吧。

任务目标

【知识目标】

1. 三维激光扫描仪工作的原理及其工作特点。

2. 掌握三维激光扫描仪的功能及使用注意事项。

【能力目标】

1. 能描述三维激光扫描仪的使用工作特点、注意事项。

2. 能使用三维激光扫描仪采集指定区域路网数据。

【素养目标】

1. 培养学生的求知探索精神。

2. 能养成较好的规范意识。

3. 有较好的团队协作意识。

理论学习

　　实地采集时，采集人员经常需要外出长途跋涉进行地图采集，而地图采集设备作为主要工具，可以为采集人员减少许多的工作量，从而获取到复杂、精准的地图数据。

知识点　三维激光扫描仪

1. 三维激光扫描仪的优势

　　三维激光扫描技术是利用激光测距仪的原理，通过记录被测物表面大量密集的点坐标、反射率、纹理和全景图等信息，通过计算机辅助计算，形成三维空间点云模型。三维数字化是运用三维工具来实现模型的虚拟创建、修改、完善、分析等一系列的数字化操作的。三维激光扫描仪是三维激光扫描技术中必不可少的设备，三维激光扫描仪可实现非接触式测量，能自动获取大量空间数据信息，相比传统数据获取方式，更加精准、完整、快速。

三维激光扫描仪的优势：

（1）效率高　三维激光扫描技术能快速获取地形的立体信息，既缩短了野外工作时间，又提高了数据采集效率，能够实现实时数据采集。

（2）采样率高　三维激光扫描仪扫描覆盖面积大，单次扫描就可以获得更大面积的空间信息。

（3）实时动态检测　三维激光扫描仪还具有很强的抗干扰能力，不受天气、温度、湿度等外部环境因素的影响，可以进行全天不间断的实时动态观测。

（4）安全性高　通过三维激光扫描仪绘制地图能够开展长距离地形测量任务，选择站点时可以选择相对安全的位置，也能获得更加准确的测量数据。在一些地形复杂和存在未知危险点分布的区域，通过其进行地形测绘也具有较高的安全性。

（5）数字化功能　三维激光扫描仪能够自动显示、输出导入的数据，具有良好的点云数据处理和三维建模处理功能，并能通过开源软件界面和其他软件实现信息共享，提高数据信息的利用率。

2. 三维激光扫描仪的分类

三维激光扫描仪常根据其搭载平台的不同分为架站式三维激光扫描仪、手持式三维激光扫描仪、车载移动扫描系统、背包式激光扫描系统。

（1）架站式三维激光扫描仪　架站式三维激光扫描仪又称地面式三维激光扫描仪，如图 1-7 所示，它类似于传统测量中的全站仪，由激光扫描仪、数码相机及软件控制系统构成。它采用非接触式高速激光测量方式，获取地形或者复杂物体的几何图形数据和影像数据，最终由软件控制系统对采集的点云数据和影像数据进行处理，转换成绝对坐标系中的空间位置坐标或模型，以多种不同的格式输出，满足空间信息数据库的数据源和不同应用的需要。

架站式三维激光扫描仪的工作原理是：发射器发出一个激光脉冲信号，经物体外表漫反射后，传回接收器。通过计算激光脉冲的横向扫描角度观测值和纵向扫描角度观测值，以及激光脉冲与扫描仪的距离，可获取目标点的坐标，然后将坐标数据转换成绝对坐标系中的三维空间位置坐标或三维模型，最后由后处理软件对采集的点云数据和影像数据进行处理并转换成多种不同的格式输出。

（2）手持式三维激光扫描仪　手持式三维激光扫描仪是一种快速、直观地采集三维数据的设备，如图 1-8 所示。其工作原理是通过发射激光脉冲信号，并测量激光脉冲信号从发射到返回的时间差，以确定扫描点到扫描仪的距离，同时通过测量激光脉冲的横向和纵向角度观测值，计算得到目标点的三维坐标。

图 1-7　架站式三维激光扫描仪　　　图 1-8　手持式三维激光扫描仪

手持式三维激光扫描仪具有轻便易携、操作简单、高效快速等特点，适用于各种需要采集三维数据的场合，如质量控制、检测、逆向工程等。在扫描过程中，手持式三维激光扫描仪可以通过搭配相应的软件，将采集到的数据进行处理、分析和建模，以实现更广泛的应用。手持式三维激光扫描仪的蓝光扫描技术具有高精度和高清晰度，可以更好地适应不同的现场环境和物体表面，同时还可以通过不同的颜色光斑对物体表面进行分类和识别。此外，手持式三维激光扫描仪还具有高精度的测距功能和稳定的扫描性能，可以满足各种高精度测量和建模的需求。

（3）车载移动扫描系统　车载移动扫描系统是一种基于车载平台的移动测量系统，由运动平台、传感器、数据采集与处理系统等组成，如图 1-9 所示。运动平台一般采用车辆，通过安装在车辆上的传感器进行测量。传感器可以包括全站仪、激光扫描仪、摄影测量仪、惯性测量单元等，以获取测量点的坐标、形态和运动信息。数据采集与处理系统根据应用需求可以选择不同的软件和算法，进行数据采集、数据处理和结果输出。车载移动扫描系统主要用于道路、桥梁、隧道等工程结构的测量和检测。

（4）背包式激光扫描系统　近年来，随着同步定位与制图（SLAM）技术，以及点云拼接（ICP）算法的发展，背包式激光扫描系统应运而生，如图 1-10 所示。背包式激光扫描系统集成了高精度 GNSS、IMU 惯导系统以及 SLAM 等先进技术，能够实现高效的数据采集、处理和建模。它可在没有 GNSS 和复杂惯导设备的条件下，采用人工背包的方式作业，能适应复杂路线及环境，快速、便捷、低成本地采集目标物体的三维点云数据。且不同于传统的车载移动扫描系统，此类设备由人员背载，在数据采集过程中可以根据需要随时上下移动，人员能经过的地方都能进行数据获取，其对工作环境要求低、适应性强，可广泛应用于历史风貌保护、地下空间测绘、竣工测量、地籍测量等多个测绘领域。

图 1-9　车载移动扫描系统

图 1-10　背包式激光扫描系统

【知识链接】请扫码查看微课视频：常见的陆基采集设备与使用

学习测验

1.【单选题】以汽车作为搭载平台，在连续移动过程中连续快速扫描的是（　　　）。
A. 架站式三维激光扫描仪　　　　　　B. 手持式三维激光扫描仪
C. 车载移动扫描系统　　　　　　　　D. 背包式激光扫描系统

2.【多选题】三维激光扫描仪常根据其搭载平台的不同分为（　　　）。
A. 架站式三维激光扫描仪　　　　　　B. 手持式三维激光扫描仪
C. 车载移动扫描系统　　　　　　　　D. 背包式激光扫描系统

3.【单选题】三维激光扫描仪具有哪些优势？（　　　）
A. 高效率　　　　　　　　　　　　　B. 高采样率
C. 实时动态监测　　　　　　　　　　D. 高安全性

4.【判断题】地面式三维激光扫描仪由人员背载，在数据采集过程中可以根据需要随时上下移动，人员能经过的地方都能进行数据获取。（　　　）

5.【判断题】背包式激光扫描系统不能在没有 GNSS 和复杂惯导设备的条件下进行工作。（　　　）

研精致思

通过对三维激光扫描仪的学习，请大家思考：架站式三维激光扫描仪、手持式三维激光扫描仪、车载移动扫描系统、背包式激光扫描系统分别具有什么优势呢？

_____

_____

_____

_____

_____

_____

任务实施

手持式三维激光扫描仪的安装

【任务要求】

手持式三维激光扫描仪属于便携式激光扫描仪，使用简单、快捷、轻便。此次任务实施以 5 人 / 组为单位，结合"手持式三维激光扫描仪 GoSLAM 的安装"的操作流程，完成 GoSLAM 的组装，并派代表进行展示与成果汇报。

【任务步骤】

1）学习视频："手持式三维激光扫描仪 GoSLAM 的安装"。

2）各小组完成 GoSLAM 的组装。

3）小组派代表展示成果。

【操作流程】

1）认知设备组成。手持式三维激光扫描仪 GoSLAM 由手持扫描端、数据记录端、蓄电池、标靶座、手持端手柄、连接线、肩挎带等构成，如图 1-11 所示。

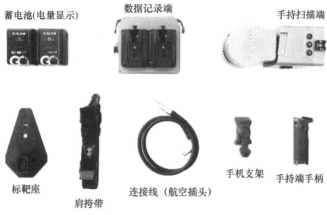

图 1-11　GoSLAM 组成

2）连接设备。首先将手持端手柄顶部安装至标靶座，然后将手持扫描端装入手持端手柄。将数据记录端挂点放入肩挎带卡扣，如图 1-12 所示。

3）将数据主缆 L 端与手持扫描端连接，如图 1-13 所示。

图 1-12　手柄安装

图 1-13　L 端连接

4）将数据主缆直头端与数据记录端连接，如图 1-14 所示。

5）使用标配 RS 系列蓄电池安装入电池槽供电。手持扫描端接入标配连接线（航空插头）供电，电源接入（14.4V）。

图 1-14　直头端连接

注意：设备接入标配蓄电池前请先安装好连接线（航空插头）。

6）接通供电蓄电池后，设备手持端手柄按键指示灯亮起，状态指示屏显示状态为等待连接。接通供电蓄电池前请检查标配电缆是否正常连接，如有电缆未正常连接请关闭主机电源，正常连接电缆后再接通供电蓄电池。

【成果展示】小贴士：分析报告可以打印出来粘贴到文本框内哦！

任务 1.4　空基采集设备认知与使用

任务导入

今天，外业组长派给你一个任务：去采集某林区的路网地图，该区域地形较为复杂，可能需要空基测量和陆基测量结合。那么，你需要用到什么采集技术和设备呢？

空基采集有哪些设备，它们是怎么安装使用的呢？带上这些问题，让我们开始"空基采集设备认知与使用"的学习之旅吧。

任务目标

【知识目标】

1. 了解空基采集的定义和基本原理。

2. 掌握空基采集常用的设备和技术，如无人机、遥感卫星等。

3. 理解空基采集在不同领域的应用，包括地图制作、资源监测、环境保护等。

4. 了解空基采集的数据处理和分析方法，包括影像解译、数据格式转换等。

【能力目标】

1. 能够选择合适的空基采集设备和技术，根据具体需求进行采集计划和操作。

2. 能够使用相关软件进行空基采集数据的处理、分析和制图。

3. 具备对采集到的数据进行质量控制和验证的能力，确保数据的准确性和可信度。

4. 能够理解和解释空基采集数据的结果，为决策提供支持。

【素养目标】

1. 培养对地理信息科学和技术的兴趣。

2. 培养团队协作和沟通能力，能够与地理信息科学领域的专家和技术人员进行合作。

3. 提高分析、解决问题的能力，能够在实际应用中灵活运用空基采集技术解决现实问题。

4. 增强对环境保护和资源管理的责任意识。

理论学习

知识点 1　空基采集设备结构认知

一、空基采集设备认知

空基采集设备是指利用飞行器（如无人机、遥感卫星）等空中平台进行地理信息数据采集的专用设备。这些设备通常搭载有各种传感器和摄像头，用于捕捉地表的影像、地形、气象等信息。空基采集设备的主要类型包括以下几种。

1. 无人机（无人驾驶飞行器）

无人机是一种可以远程操控或自主飞行的飞行器，通常携带高分辨率摄像头、激光雷达等传感器，可用于采集地表影像和三维地形数据。

2. 遥感卫星

遥感卫星是在太空中运行的人造卫星，搭载各种传感器，如光学摄像头、红外线摄像头、微波雷达等，用于拍摄地球表面的图像和数据。这些数据可以用于制作地图、监测自然灾害、资源管理等。

3. 飞艇

飞艇是一种轻型飞行器，通常搭载摄像头、传感器等设备，用于近地面的影像采集，适用于一些特殊环境和项目需求。

4. 直升机

直升机可以搭载各种传感器，具有垂直起降的能力，适用于需要低空观察的采集任务。

5. 固定翼飞机

固定翼飞机通常具有更长的飞行时间和更大的航程，可以搭载多种传感器，适用于大面积的地理信息采集。

本知识点主要讲解以无人机为基础的空基采集设备的认知与使用。

二、民用无人机主要分类

1）固定翼无人机，如图 1-15 所示。

优点：续航时间长、航程远、飞行速度快、飞行高度高、负载能力强。

缺点：起降受场地限制、不能在空中悬停。

2）直升机无人机，如图 1-16 所示。

图 1-15　固定翼无人机

图 1-16　直升机无人机

优点：载荷较大、可垂直起降、可空中悬停、灵活性强。

缺点：结构复杂、故障率高、维修成本高、续航时间短。

3）多旋翼无人机，如图 1-17 所示。

优点：操作灵活、结构简单、成本低、起降方便、可在空中悬停。

缺点：续航时间短、负载能力弱、飞行速度慢。

图 1-17　多旋翼无人机

三、无人机主要系统

无人机系统主要由三部分组成，分别为飞行器平台、控制站与通信链路，如图1-18所示。

1. 飞行器平台

飞行器平台包括飞行机体结构、动力系统、飞控系统、导航系统、电气系统、通信系统等。

2. 控制站

控制站包括显示系统、操纵系统。

3. 通信链路

通信链路包括机载通信与地面通信。

四、飞行器平台的主要系统

1. 飞控系统

飞控系统是无人机的"驾驶人"，是无人机完成起飞、空中飞行、执行任务和返场回收等整个飞行过程的核心系统。

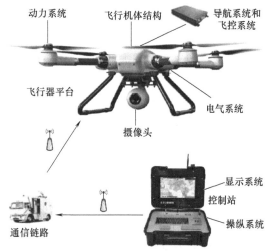

图1-18 无人机系统各组成关系

飞控系统一般包括传感器、机载控制计算机和伺服作动设备（执行机构）三大部分，实现的功能主要有无人机姿态稳定和控制、无人机任务设备管理和应急控制三大类。其中，机身大量装配的各种传感器（包括角速率、姿态、位置、加速度、高度和空速等传感器）是飞控系统的基础，是保证飞机控制精度的关键。未来要求无人机传感器具有更高的探测精度、更高的分辨率，因此高端无人机传感器中大量应用了超光谱成像、合成孔径雷达、超高频穿透等新技术。

现有飞控系统是开源与闭源系统的结合。

国内优秀的无人机厂商，为了提高系统的专业化，大部分在开源系统的基础上演化出自己的闭源系统。相比开源系统，无人机厂商自身的闭源系统加入了许多优化算法，简化了调参与线束，变得更加简单易用，开源无人机硬件项目与特点见表1-1。

表1-1 开源无人机硬件项目与特点

开源无人机硬件项目	出现年份	主要特点
Paparazzi 飞控	2003	软硬件全开源，高配版可实现自稳、定高、姿态控制等基本功能。其基于 ubuntu 操作系统
Arduino 飞控	2005	支持 windows、MacOS、Linux 系统，开源飞控源代码，支持用户任意更改定制需求
APM 飞控	2007	基于 Arduino，支持地图巡航，支持多旋翼、固定翼、直升机和无人驾驶车等无人设备；支持超声波传感器和光流传感器，在室内实现定高和定点飞行
PX4/PIXHawk	2014	采用了整合硬件浮点运算核心的 Cortex-M4 单片机作为主控芯片，支持全自主航线、关键点围绕、鼠标引导等高级的飞行模式。其主要基于 Linux

2. 导航系统

导航系统是无人机的"眼睛",导航系统向无人机提供参考坐标系的位置、速度、飞行姿态,引导无人机按照指定航线飞行,相当于有人机系统中的领航员。

目前无人机所采用的导航技术主要有惯性导航、定位卫星导航、地形辅助导航、地磁导航、多普勒导航等。

无人机载导航系统主要分非自主(BDS等)和自主(惯性制导)两种,但这两种分别有易受干扰和累积误差大的缺点,而未来无人机的发展要求障碍回避、物资或武器投放、自动进场着陆等功能,需要高精度、高可靠性、高抗干扰性能,因此多种导航技术结合的"惯性+多传感器+BDS+光电导航系统"将是未来发展的方向。

3. 动力系统

不同用途的无人机对动力装置要求也不同。低速、中低空小型无人机倾向于活塞发动机,低速短距、垂直起降无人机倾向涡轮发动机,小型民用无人机则主要采用电动机、内燃机或喷气发动机。

专业级无人机目前广泛采用的动力装置为活塞式发动机,但活塞式发动机只适用于低速、低空的小型无人机。随着涡轮发动机推重比、使用寿命不断提高及油耗降低,涡轮发动机将取代活塞发动机成为无人机的主要动力源。

随着太阳能、氢能等新能源的应用,电动机也有望为小型无人机提供更持久的动力。

4. 数据链系统(通信系统)

数据链系统(通信系统)是无人机和控制站之间的桥梁,是无人机的真正价值所在。

上行通信链路主要负责地面站到无人机的遥控指令的发送和接收。

下行通信链路主要负责无人机到地面站的遥测数据、红外或电视图像的发送和接收。

普通无人机大多采用定制视距数据链,而中高空、长航时无人机则采用超视距卫星通信数据链。

现代数据链技术的发展推动着无人机数据链向着高速、宽带宽、保密性好、抗干扰能力强的方向发展。随着机载传感器越来越多,定位的精细程度和执行任务的复杂程度不断上升,对数据链的带宽提出了更高的要求,未来随着机载高速处理器的发展,预计现有射频数据链的传输速率将翻倍,还可能出现激光通信方式。

【知识链接】请扫码查看微课视频:常见的空基采集设备与使用

知识点 2　空基采集设备的安装使用

一、组装飞行器与准备工作

1. 云台锁扣的安装与拆卸

拆卸时,按箭头方向移除云台锁扣,拍摄完毕后再按照图 1-19 所示位置安装云台锁扣,避免摄像头和云台因振动发生偏移现象。

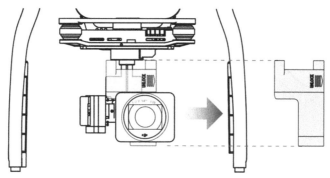

图 1-19　云台锁扣安装示意图

2. 螺旋桨的安装与拆卸

黑色桨帽的螺旋桨应按照逆时针方向安装在黑色电动机上，白色桨帽螺旋桨应按照顺时针方向安装在白色电动机上。安装完毕后应检查螺旋桨是否都安装稳固，如图 1-20 所示。

3. 智能蓄电池的安装与拔出

将蓄电池以正确的方向推入电池仓，直到听见"咔"的一声，以确保蓄电池卡紧在电池舱内，如图 1-21 所示。如果蓄电池没有卡紧，有可能导致电源接触不良，会影响飞行的安全性，甚至无法起飞。在拔出蓄电池时，应用手指紧按锁扣往外用力拔出，新机器可能会比较费力。

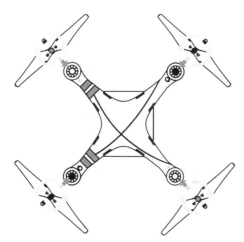

图 1-20　螺旋桨安装示意图

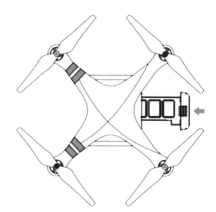

图 1-21　智能蓄电池安装示意图

4. 遥控器与移动设备的安装

首先将遥控器的天线和移动设备支架展开，按下移动设备支架侧边的按键以伸展支架，放置移动设备后调整支架确保夹紧移动设备，如图 1-22 所示。再使用 USB 数据线连接移动设备与遥控器后方的 USB 插口，打开 DJI GO APP。

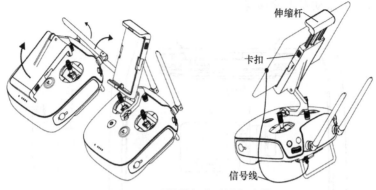

图 1-22 遥控器与移动设备安装

二、遥控器的使用

遥控器根据习惯方式选择相应的控制方式，可在 DJI GO APP 内进行设置，大疆精灵 3 专业版的默认设置为遥控器的左遥杆控制无人机的上升下降、顺时针 / 逆时针旋转，右摇杆控制无人机向前向后、向左向右的水平飞行。

1. 开启与关闭

短按一次电源按键可查看当前电量，若电量不足应给遥控器充电。短按一次电源按键，然后长按电源按键 2s 以开启遥控器。遥控器提示音可提示遥控器状态。遥控器状态指示灯绿灯常亮表示连接成功。使用完毕后，与开启遥控器一样的操作方法关闭遥控器电源，如图 1-23 所示。

2. 摇杆的使用

遥控器上共有 2 个操控飞行器的摇杆，左手边的摇杆控制飞行器的上升与下降、顺时针与逆时针旋转，如图 1-24 所示。右手边的摇杆控制飞行器的前后左右位置的移动。

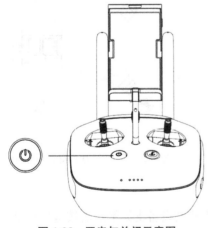

图 1-23 开启与关闭示意图

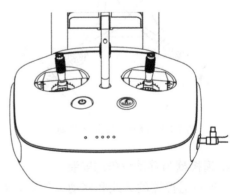

图 1-24 摇杆使用示意图

1）左摇杆向上推：飞行器上升高度。

2）左摇杆向下推：飞行器下降高度。

3）左摇杆向左推：飞行器水平逆时针旋转。

4）左摇杆向右推：飞行器水平顺时针旋转。

5）右摇杆向上推：飞行器向前进方向前方移动。

6）右摇杆向下推：飞行器向前进方向后方移动。

7）右摇杆向左推：飞行器向前进方向左方移动。

8）右摇杆向右推：飞行器向前进方向右方移动。

3. 遥控器快捷按键

遥控器快捷按键，如图 1-25 所示。

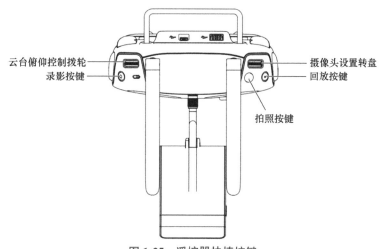

云台俯仰控制拨轮
录影按键
摄像头设置转盘
回放按键
拍照按键

图 1-25　遥控器快捷按键

（1）摄像头设置转盘　配合 DJI GO APP 使用时，通过摄像头设置转盘可快速对摄像头参数进行设置。拨动转盘可以选择需设置的参数，按下转盘切换至下一项设置。在回放模式下，可通过转盘选择查看下一张或者上一张照片或视频。

（2）回放按键　短按一次可通过 DJI GO APP 回放照片或者视频，再次短按该按键返回到拍照或录影模式。

（3）拍照按键　按下该按键可以拍摄单张照片。通过 DJI GO APP 可选择单张、多张或者定时拍摄模式。

（4）录影按键　按下录影按键开始录影，再次按下该按键停止录影。

（5）云台俯仰控制拨轮　控制拨轮可控制摄像头的俯仰拍摄角度。

三、DJI GO APP 界面

DJI GO APP 界面，如图 1-26 所示。

1）飞行模式：显示当前飞行模式，单击按键进入主控设置菜单，可进行飞行器限低、限高、限远设置及感度（灵敏度或敏感度）参数调节等。

首次使用 APP 时，飞行器处于新手模式，新手模式下，飞行器限高飞行 30m，限远飞行 30m。用户可单击"MODE"进入设置以解除新手模式。

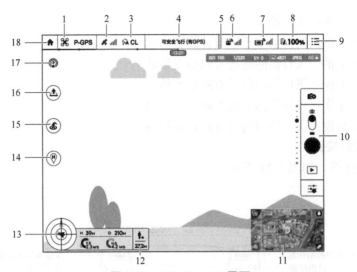

图 1-26   DJI GO APP 界面

1—飞行模式   2—GNSS 状态   3—智能方向控制（IOC）   4—飞行器状态提示栏
5—智能飞行蓄电池电量   6—遥控链路信号强度   7—高清图传链路信号强度
8—蓄电池设置按键   9—通用设置按键   10—摄像头控制栏拍照与设置按键
11—地图缩略图标   12—视觉定位系统状态   13—飞行状态参数
14—动态返航点   15—智能返航   16—自动起飞/降落   17—直播   18—主界面

2）GNSS 状态：GNSS 状态图标用于显示 GPS 信号强弱。当卫星图标变成绿色时，飞行器进入可安全飞行状态。

3）智能方向控制（Intelligent Orientation Control，IOC）：显示智能方向控制功能是否启用。

4）飞行器状态提示栏：显示飞行器的飞行状态以及各种警示信息。

5）智能飞行蓄电池电量：实时显示当前智能飞行蓄电池剩余电量及可飞行时间。蓄电池电量进度条上的不同颜色区间表示不同的电量状态。当电量低于报警阈值时，蓄电池图标变成红色，提醒尽快降落飞行器并更换蓄电池。

6）遥控链路信号强度：显示遥控器与飞行器之间的信号强度。

7）高清图传链路信号强度：显示飞行器与遥控器之间高清图传链路信号的良好程度。

8）蓄电池设置按键：实时显示当前智能飞行蓄电池剩余电量。单击此按键可设置低电量报警阈值，并查看蓄电池信息。可设置存储自放电启动时间。飞行时若发生蓄电池放电电流过高、放电短路、放电温度过高、放电温度过低、电芯损坏等异常情况，界面会实时提示，并可在历史记录查询最近的异常记录。

9）通用设置按键：单击该按键打开通用设置菜单，可设置参数单位、复位摄像头设置、快速预览、云台调节、航线显示等。

10）摄像头控制栏拍照与设置按键：单击该按键可设置录影与拍照的各项参数，其中包括录影的色彩空间模式、录影文件格式、图片文件的大小与比例等。

拍照按键：拍照按键用于触发摄像头拍照。默认为单张拍照模式，长按该按键将进入二级菜单，从该菜单中可选择定时拍照等高级拍照模式。

录影按键：录影按键用于开始/停止录影。按一次该按键开始录影，视频上方会显示时间码表示当前录影的时间长度，再按一次该按键即停止录影。也可按下遥控器上的录影按键启动录影。

回放按键：单击回放按键可查看已拍摄的照片及视频。用户也可通过遥控器上的回放按键进行回放操作。拍照参数按键：设置摄像头的 ISO、快门、曝光补偿参数。

11）地图缩略图标：单击该图标快速切换至地图界面。

12）视觉定位系统状态：显示飞行器与返航点距离；当飞行器距离地面较近时，将切换显示视觉定位系统状态，用于显示飞行器距离地面高度。

13）飞行状态参数：悬停高度图标用于实时显示飞行器悬停高度；飞行参数距离显示飞行器与返航点水平方向的距离；高度显示飞行器与返航点垂直方向的距离；水平速度显示飞行器在水平方向的飞行速度；垂直速度显示飞行器在垂直方向的飞行速度。

14）动态返航点：轻触此按键以启用动态返航点，移动设备当前时刻的 BDS 坐标将记录为最新的返航点。

15）智能返航：轻触此按键，飞行器将终止航线任务，即刻自动返航并关闭电动机。

16）自动起飞 / 降落：轻触此按键，飞行器将自动起飞或降落。

17）直播：当出现直播图标时，表示当前航拍画面正被共享至移动设备直播页面。使用该功能前请确认移动设备已开通移动数据服务。

18）主界面：轻触此按键，返回主界面。

四、控制飞行器

起飞 / 降落有 2 种方式，分别是自动模式和手动模式。

（1）自动模式　单击 DJI GO APP 中的自动起飞 / 降落按钮后，向右滑动按钮确定起飞，飞行器将自动起飞，并在离地面 1.2m 处悬停。

（2）手动模式　通过遥控内八或外八解锁起动电动机，如图 1-27 所示，然后推动油门杆上升后控制飞行。电动机起动后，马上松开摇杆。

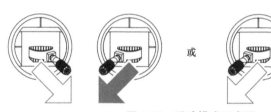

图 1-27　手动模式示意图

停止电动机，如图 1-28 所示。电动机起动后，有两种停机方式：

图 1-28　停止电动机示意图

方法一：飞行器落地之后，先将加速杆推到最低位置①，然后执行掰杆动作②，电动机将立即停止。飞行停止后松开摇杆。

方法二：飞行器落地之后，将加速杆推到最低的位置并保持，3s 后电动机停止。

飞行过程除非遇到紧急情况，严禁执行掰杆动作，否则飞行器会由于电动机停机，失去动力而坠落。

如道路施工时，施工线路很长，呈条带状分布，若单纯依靠传统的人工监测，不仅工作量大、工作效率低，且难以从全局去把控施工进度及施工安全问题。

无人机道路安全施工监测优势：较传统地面监测而言，利用无人机系统进行道路等带状施工现场监测，覆盖范围更广，角度更加灵活，监测效率更高。

无人机道路安全施工监测过程如下：

首先，利用四旋翼无人机 iFly D1 搭载高清专业摄像头，实时获取施工现场图片和视频数据；然后，通过高清数字图传系统设备，将无人机获取的高清图片和视频数据实时回传至监控中心；最后，分析接收数据，根据数据信息做出科学、合理的措施，为道路等带状施工现场检测提供有力的技术支持，如图 1-29 所示。

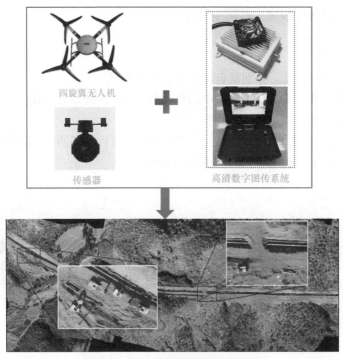

图 1-29　无人机道路安全施工监测

📋 学习测验

1.【单选题】空基设备中，以下哪项通常用于实时监控交通流量和道路拥堵情况？（　　　）

A. 传感器网络　　　　　　　　　　　　B. 地球观测卫星

C. 摄像头 D. 气象雷达

2.【单选题】空基设备采集到的数据经过处理后，常用于哪些领域的分析？（ ）

A. 地下水资源分析 B. 电信信号覆盖分析

C. 道路规划与优化 D. 宇宙天体观测

3.【单选题】空基设备中，以下哪项通常用于获取地球表面的高分辨率图像？（ ）

A. GPS 定位 B. 摄像头 C. 遥感卫星 D. 气象雷达

4.【单选题】在 GIS 数据采集中，用于记录地理坐标的设备是（ ）。

A. 摄像头 B. 传感器网络

C. BDS 定位设备 D. 遥感卫星

5.【单选题】空基设备中，以下哪项通常用于获取大面积地理数据，如城市的整体规划图？（ ）

A. GPS 定位 B. 遥感卫星 C. 摄像头 D. 传感器网络

研精致思

通过对空基采集设备的学习，请大家思考空基设备还能够应用于哪些场景？请列举出来。

_____

_____

_____

_____

任务实施

无人机组装与调试

【任务要求】

无人机操作需要具备一定的前置知识和技能，以确保安全、高效地操作无人机。在进行无人机操作之前，建议参加相关的培训课程，获取专业的指导和培训。请大家以 5 人 / 组为单位，结合所学知识，查阅相关资料，通过对无人机进行安装，完成无人机组装与调试分析报告，并派代表进行成果汇报。

【任务步骤】

无机人组装与调试的具体步骤如下：

1）准备材料。需要准备的材料包括电动机、电调、机臂、电池挂架、盖板、APM、GPS 模块、接收机、飞控等。

2）组装。首先，用螺钉把电动机固定到机臂上；然后，安装脚架和设备挂架，最后按下盖板；最后一步，组装电池挂架，并且安装到机架上，位置在盖板下方。

3）接线。首先，在一片 APM 的反面贴上双面胶，固定在上中心板的正中心位置，安

装的时候一定注意无人机的方向，让"forward"方向指向无人机正前方；然后，安装 GPS 模块，调整底座螺钉，指向无人机的正前方；接下来，把接收机和飞控的输入端连接起来，接线时请注意连线插头上三根线中的黄色信号线在上面；最后是飞控的输出端"output"和电调连接，注意电调是有顺序的。

4）安装固件。选择以前的固件进行安装。然后在屏幕右上角选择端口，再单击四轴飞行器图标，开始给飞控安装固件。弹出对话框后都选择确定。

【**成果展示**】小贴士：分析报告可以打印出来粘贴到文本框内哦！

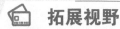 **拓展视野**

无人机道路勘察应用场景解决方案

由于公路、铁路等道路的勘察地形复杂，工作难度大，误差概率高等因素，使得道路勘察工作成了道路建设中的瓶颈。利用无人机系统可获取高分辨率正射影像和大比例尺地形图，为道路规划和选线工作提供依据，如图 1-30 所示。

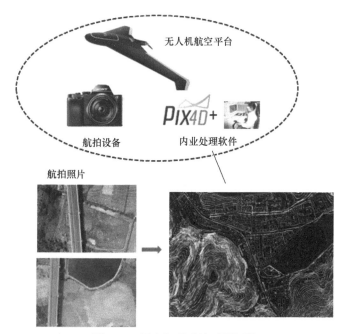

图 1-30 无人机道路地形图测绘

道路地形图测绘步骤：

1）对测区地形进行踏勘，并规划无人机飞行航线。

2）利用固定翼无人机 iFly U3 搭载高分辨率航拍摄像头 Sony A7r 进行区域航拍，获取高分辨率航片及 POS 数据。

3）利用 Pix4Dmapper 软件，对航拍数据进行空中三角测量处理。

4）利用摄影测量工作站，导入空中三角测量成果，进行立体测图，得到测区大比例尺地形图。

5）结合高分辨率正射影像和大比例尺地形图数据，为道路规划和选线提供依据。

无人机道路地形图测绘的优势：

1）可节省大量外业人工成本。

2）工作效率更高。

3）数据现势性强，分辨率更高，精度可达厘米级。

项目二
导航地图采编

🏠 项目任务

    导航地图在现代社会中已经成为不可或缺的工具，在出行、旅游、导航、救援等方面发挥着重要的作用，提供了便捷、高效、安全的导航服务，改善了人们的生活品质。本项目任务旨在设计和实现导航地图采编系统的数据采集与处理模块，确保系统能够准确地获取地图数据，并对采集到的数据进行处理、整合和格式化，以便后续的编辑、审核和发布操作。数据采集与处理是整个导航地图采编系统的重要基础，对于保证地图数据的准确性和时效性至关重要。通过本项目的学习和实践，应能认识导航地图，并能使用相关设备和软件完成校园导航地图的制作。

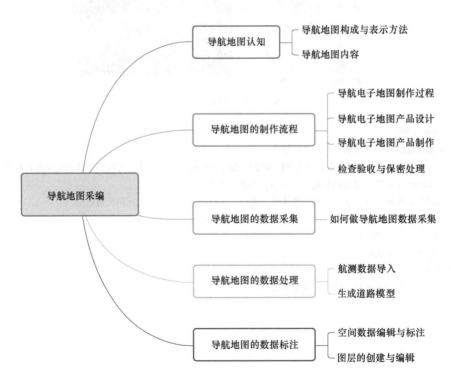

- 导航地图采编
  - 导航地图认知
    - 导航地图构成与表示方法
    - 导航地图内容
  - 导航地图的制作流程
    - 导航电子地图制作过程
    - 导航电子地图产品设计
    - 导航电子地图产品制作
    - 检查验收与保密处理
  - 导航地图的数据采集
    - 如何做导航地图数据采集
  - 导航地图的数据处理
    - 航测数据导入
    - 生成道路模型
  - 导航地图的数据标注
    - 空间数据编辑与标注
    - 图层的创建与编辑

 **项目目标**

【知识目标】

1. 掌握导航地图的定义和特点。

2. 了解导航地图对于地图导航的作用。

3. 掌握导航地图的制作流程。

4. 掌握导航地图数据采集的方式。

5. 掌握导航地图数据处理的方法与注意事项。

【能力目标】

1. 能使用导航地图相关采集设备进行道路数据采集。

2. 能使用导航地图预处理软件对道路原始数据进行预处理。

3. 根据导航地图数据软件的使用方法完成道路提取与制作。

【素养目标】

1. 具有良好的团队合作精神与意识，能分工合作完成工作任务。

2. 具有良好的沟通能力，能有效地进行工作沟通。

3. 具有良好的信息检索能力，善于接受新知识与新技能。

4. 具有良好的职业素养，能严格按要求进行作业。

任务 2.1　导航地图认知

任务导入

导航地图是现代社会中普遍使用的工具，为人们提供导航和定位服务。它们在车辆导航、旅游、出行等方面发挥着重要作用。对学习者来说，了解导航地图背后的技术和原理，以及其在各个领域的广泛应用是很有必要的。

那么什么是导航地图呢？导航地图对于智能交通具有哪些作用呢？本次任务旨在帮助学生深入了解导航地图，包括其定义、作用、技术原理以及在不同场景下的应用。带上这些问题，让我们开始"导航地图认知"的学习之旅吧。

任务目标

【知识目标】

1. 掌握导航地图的定义和特点。

2. 掌握导航地图的作用。

【能力目标】

能描述导航地图数据构成。

【素养目标】

1. 能运用辩证思维去分析问题。

2. 培养求知探索精神。

🏠 理论学习

知识点1　导航地图构成与表示方法

1. 导航地图概念

导航地图是一种用于指引人们在空间中准确、高效移动的工具，通常通过图形、文字或其他信息形式呈现。导航地图不仅仅是一个简单的地图工具，更是一个多功能、智能化的空间导航助手，可以从5个不同维度来理解导航地图的概念。

（1）地理维度　从地理维度看，导航地图是地球表面的抽象表示，以图形、符号和地理坐标展示地貌、地形、交通网络等地理要素。通过地理维度，用户能够理解空间关系、识别位置并规划最佳路径，使其在现实世界中准确导航，如图2-1所示。

图 2-1　导航地图地理维度三维图

（2）信息维度　信息维度考虑了导航地图的实用性，包括交通状况、周边设施、商家信息、地点评价等。导航地图通过整合各种实时和静态信息，帮助用户做出更明智的决策。信息维度使导航地图不仅是定位工具，还是用户获取空间周边环境信息的平台。

（3）交互维度　从交互维度看，导航地图是一个可交互的工具，用户可以通过手势、语音、触摸等方式与地图进行实时互动。导航地图的交互性允许用户在导航过程中实时调整目的地、探索周边环境、选择不同交通模式等，提高了用户体验和导航的灵活性。

（4）技术维度　从技术维度来看，导航地图依赖于卫星导航系统、地理信息系统（GIS）、实时数据处理等技术。这些技术支持导航地图的精准定位、动态路径规划和实时更新，使其成为高效、可靠的导航工具。

（5）社交维度 在社交维度上，导航地图可以通过集成社交媒体信息、实时分享位置等功能，将个体的导航体验与社交网络连接起来。用户可以分享位置、评价地点，获取朋友的建议，从而在空间中形成更加社交化的导航体验，如图 2-2 所示。

2. 导航地图的特点与要素表示方法

（1）导航地图特点 导航地图能够查询目的地信息，存有大量能够用于引导的交通信息，需要不断进行实地信息更新和扩大采集，具体特性包含以下 8 个方面内容。

1）实时性。导航地图能够根据实时交通情况更新路况，提供实时导航服务。

图 2-2 导航地图的社交属性

2）精准性。导航地图能够通过高精地图数据和卫星定位技术提供精准的导航信息。

3）多元化。导航地图不仅能提供驾车、步行的导航服务，还能提供公共交通、自行车等多种出行方式的导航。

4）个性化。导航地图能够根据用户的出行需求、偏好等提供个性化的导航服务。

5）互联网化。导航地图能够结合互联网技术，提供多种实用的功能，如实时交通播报、周边搜索等。

6）可视化。导航地图以图形和文字的形式呈现，操作简单，易于理解。

7）多平台支持。导航地图不仅可以在汽车、手持设备上使用，还可以在计算机和智能电视上使用。

8）大数据。导航地图通过监测用户的行为，连接交通实时情况等多方信息，能够聚合大量数据，为城市交通管理和规划提供数据支持。

（2）要素表示方法 导航地图要素表示方法有以下 8 种。

1）道路要素。道路要素包括道路名称、道路编号、道路等级、道路方向、车道数、是否只允许单向通行等信息。在地图上可以用线段来表示道路。

2）地物要素。地物是指地球表面的各种自然和人工建筑物，如河流、湖泊、山地、公园、医院、学校等。在地图上可以用面、点等元素来表示地物。

3）建筑要素。建筑物是指各种房屋、商铺、工厂、公寓等人工建筑物。在地图上可以用点、线段、面等元素来表示建筑物。

4）兴趣点要素。兴趣点是指各种人们感兴趣的地方，如餐馆、咖啡馆、书店、电影院等。在地图上可以用点来表示兴趣点。

5）航标要素。航标是指用来引导水上运输航线和船只行驶的各种设施，如灯塔、浮标等。在地图上可以用点来表示航标。

6）地形要素。地形是指地球表面的各种地形地貌，如山脉、山谷、草原、沙漠等。在地图上可以用等高线、阴影等元素来表示地形。

7）交通设施。交通设施是指各种用于交通运输的设施，如铁路、立交桥、隧道、码头、公交站等。在地图上可以用线段、面等元素来表示交通设施。

8）地图符号。地图符号是指用于表示各种地理空间要素的标记和符号，如箭头、图例、标签等。在地图上可以用各种形式的符号和标记来表示地图符号。

知识点 2　导航地图内容

导航地图数据主要包括道路数据、POI 数据（特征点数据、兴趣点数据）、背景数据、行政境界数据、图形文件、语音文件等。

1. 道路数据

导航电子地图中，道路数据是非常重要的一部分，它直接关系到用户的出行体验和导航准确性。道路数据包括道路类型、道路等级、道路名称、道路长度、道路拓扑关系等内容。下面将对道路数据的具体内容和作用进行详细介绍。

（1）道路类型　道路类型是指道路的基本分类，常见的道路类型包括高速公路、国道、省道、县道、市内道路等。道路类型的不同决定了道路的设计标准、使用规范和限速要求等，用户在导航时需要根据道路类型来选择合适的出行方案，遵守交通规则。

（2）道路等级　道路等级是指道路的重要程度和通行能力，常见的道路等级包括高速公路、快速路、主干道、次干道、支路等。道路等级的不同决定了道路的设计标准、车辆限制和行车速度等，用户在导航时需要根据道路等级来选择合适的出行方案，遵守交通规则。

（3）道路名称　道路名称是指道路的名称标识，常见的道路名称包括大街、路、巷等。道路名称的正确标注和准确匹配是导航地图中非常重要的一项工作，它直接决定了用户在导航时对道路的识别和选择能力。

（4）道路长度　道路长度是指道路的总长度，它直接关系到用户在导航时的出行时间和路程距离。导航电子地图中通常会标注道路的总长度和剩余长度等信息，帮助用户更好地掌握出行进度和距离。

（5）道路拓扑关系　道路拓扑关系是指道路之间的连接关系和交叉口位置，它直接决定了用户在导航时的路线选择和转向提示。道路拓扑关系的正确描述和匹配是导航地图中非常重要的一项工作，它需要对道路的连接关系和交叉口位置进行准确的描述和标注。

导航地图的道路要素一般包含的内容见表 2-1。

表 2-1　导航地图的道路要素

要　　素	类　　别	地图要素类型	功　　能
道路 link	高速公路	线状要素	路径计算
	城市高速	线状要素	路径计算
	国道	线状要素	路径计算
	省道	线状要素	路径计算
	县道	线状要素	路径计算
	乡镇公路	线状要素	路径计算
	内部道路	线状要素	路径计算
	轮渡（车渡）	线状要素	路径计算
节点	道路交叉点	点状要素	拓扑描述
	图廓点	点状要素	拓扑描述

2. POI 数据

POI（Point of Interest）是指地图上标记的各种场所和设施，如商场、餐厅、酒店、加油站等，它们是导航地图中的重要因素，直接关系到用户的出行体验和导航准确性。

（1）POI 类型　POI 类型是指各种场所和设施的基本分类，如商场、餐厅、酒店、加油站等。导航地图中通常会对 POI 进行分类和归纳，以方便用户快速地找到目标位置和获取相关信息。

（2）POI 名称　POI 名称是指各种场所和设施的名称标识，如某商场、某餐厅、某酒店等。POI 名称的正确标注和准确匹配是导航地图中非常重要的一项工作，它直接决定了用户在导航时对 POI 的识别和选择能力。

（3）POI 位置　POI 位置是指各种场所和设施的地理位置，它直接关系到用户在导航时的目的地选择和导航准确性。导航地图中通常会标注 POI 的位置和距离等信息，帮助用户更好地掌握出行进度和距离。

（4）POI 特征　POI 特征是指各种场所和设施的特征和属性，如商场的营业时间、餐厅的菜单、酒店的房型和价格等。导航地图中通常会对 POI 特征进行详细的描述和标注，帮助用户更好地了解 POI 的相关信息和选择合适的目的地。

（5）POI 评价　POI 评价是指用户对各种场所和设施的评价和反馈，如商场的服务质量、餐厅的口味、酒店的环境等。导航地图中通常会提供 POI 评价和反馈的功能，帮助用户更好地了解 POI 的真实情况和选择合适的目的地。

（6）POI 推荐　POI 推荐是指根据用户的偏好和历史记录，向用户推荐相关的 POI，以提升用户的出行体验和满意度。导航地图中通常会利用机器学习和数据挖掘等技术，对用户的行为和偏好进行分析和推荐，以提供更加个性化的导航服务。

导航地图中 POI 数据有以下作用。

1）提供准确的目的地选择。POI 数据在导航地图中的主要作用之一是提供准确的目的地选择。用户可以通过选择不同类型的 POI 来确定目的地，并通过导航地图中的路线规划和导航指引到达目的地。由于 POI 数据在导航地图中的数量和质量直接关系用户的出行体验和导航准确性，因此导航地图制作公司通常会对 POI 数据进行精细的筛选和标注，以确保用户能够快速准确地找到自己想要的到达目的地。

2）提供详细的 POI 信息。POI 数据在导航地图中的另一个重要作用是提供详细的 POI 信息。用户可以通过点击 POI 数据来获取更多的信息，如地址、电话、营业时间、评价等，以便更好地了解目的地的相关情况，以做出更加明智的选择。此外，一些导航地图还会提供 POI 图片、视频等多媒体信息，以进一步丰富用户的 POI 体验。

3）提供个性化的 POI 推荐。POI 数据在导航地图中的另一个作用是提供个性化的 POI 推荐。导航地图制作公司通常会利用机器学习和数据挖掘等技术，对用户的行为和偏好进行分析和推荐，以提供更加个性化的导航服务。例如，如果用户经常前往某家餐厅就餐，导航地图就会向他推荐该餐厅或相似的餐厅，以提高用户的出行体验和满意度。

4）提高用户的导航体验。POI 数据在导航地图中的最终作用是提高用户的导航体验。通过提供准确的目的地选择、详细的 POI 信息和个性化的 POI 推荐等服务，导航地图可以大幅提升用户的出行体验和导航准确性，帮助用户更加轻松自如地规划出行路线，到达目的地。

POI 数据是导航地图中不可或缺的一部分，在导航地图的制作和更新过程中，POI 数据的数量和质量应该得到足够的关注和重视。

导航地图的 POI 数据一般包含的内容见表 2-2。

表 2-2　导航地图 POI 数据

数　据	类　别	地图要素类型	功　能
POI	一般兴趣点	点状要素	检索
	道路名	点状要素	检索
	交叉点	点状要素	检索
	邮编检索	点状要素	检索
	地址检索	点状要素	检索

3. 背景数据

导航地图是一种基于地理信息的电子地图，具有导航、查询、展示、分析等多种功能，是现代交通运输、物流管理、城市规划等领域的重要工具。为了保证导航地图的准确性、全面性和实用性，背景数据的质量至关重要。

（1）地理空间数据　地理空间数据是导航地图背景数据的核心，主要包括地形地貌数据、道路网络数据、建筑物数据、水系数据、行政区划数据等。地形地貌数据包括地势高低、山川河流等自然地理要素，为导航地图提供了地形参考和地形特征，为道路网络的设计和规划提供了重要的依据。道路网络数据是导航地图的核心要素，包括道路等级、道路名称、车道数、车速等信息，为导航指引和路线规划提供了重要的基础数据。建筑物数据包括建筑物的位置、高度、类型等信息，为导航地图的三维展示提供了支持。水系数据包括江河湖海等水体的位置和形态，为交通运输、旅游等行业提供了基础数据。行政区划数据包括国家、省份、市县等行政区划的边界和名称，为行政区域的查询和统计提供了基础数据。

（2）交通数据　交通数据是导航地图的重要组成部分，主要包括实时交通数据、交通事件数据、公交数据、停车场数据等。实时交通数据包括道路拥堵情况、交通流量、道路施工等信息，为导航地图提供了实时的路况信息，为路线规划和导航指引提供了支持。交通事件数据包括事故、堵车、限行等信息，为导航地图提供了紧急事件的处理能力。公交数据包括公交线路、站点、运营时间、票价等信息，为公共交通的查询和规划提供了基础数据。停车场数据包括停车场位置、车位数量、费用等信息，为驾驶人提供了停车场查询和停车指引的服务。

（3）地理信息服务　地理信息服务是导航地图的重要组成部分，主要包括地理编码服务、逆地理编码服务、路径规划服务、导航引擎服务等。地理编码服务将地理坐标转换为地址信息，为地址查询提供了支持。逆地理编码服务将地址信息转换为地理坐标，为导航指引提供了支持。路径规划服务根据起点和终点之间的距离、时间、交通方式等因素，为用户提供最佳的行驶路线规划。导航引擎服务将路径规划与实时交通情况相结合，为用户提供精准的导航指引，使用户可以准确到达目的地。

（4）其他数据　除了上述的数据，导航地图的背景数据还包括其他一些数据，如地理坐标系、地名识别数据、地图风格数据等。地理坐标系是导航地图的基础，不同国家和地区

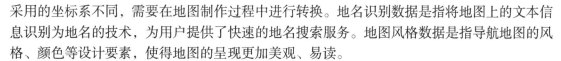

采用的坐标系不同，需要在地图制作过程中进行转换。地名识别数据是指将地图上的文本信息识别为地名的技术，为用户提供了快速的地名搜索服务。地图风格数据是指导航地图的风格、颜色等设计要素，使得地图的呈现更加美观、易读。

导航地图背景数据的作用包括以下几方面。

1）支持导航和路径规划功能，使用户可以快速准确地到达目的地。

2）提供实时交通信息和交通事件处理能力，为用户提供准确的路况情况，避免交通拥堵。

3）提供公共交通查询和规划服务，为用户提供便捷的公共交通出行方案。

4）提供停车场查询和指引服务，为驾驶人提供方便的停车服务。

5）提供个性化 POI 推荐和搜索服务，为用户提供更加全面、便捷和个性化的导航服务。

6）提供地图展示和查询功能，为用户提供准确的地图信息和地理位置查询服务。

导航地图背景数据是导航地图的重要组成部分，其准确性、全面性和实用性直接影响导航地图的使用效果和用户体验。因此，在导航地图的制作和更新过程中，背景数据的质量和更新速度需要得到足够的重视和关注。导航地图的背景数据一般包含的内容见表 2-3。

表 2-3 导航地图的背景数据

要　　素	类　　别	地图要素类型	功　　能
建筑层	街区	面状要素	显示城市道路布局结构
	房屋建筑	面状要素	显示建筑物轮廓
	围墙	线状要素	显示建筑物之间的相互关系和连接状况
铁路数据	干线铁路	线状要素	显示干线铁路的基本走向
	地铁	线状要素	显示地铁的基本走向
	城市轻轨	线状要素	显示城市轻轨的基本走向
水系	江	面状要素	背景显示
	河	面状要素	背景显示
	湖	面状要素	背景显示
	水库	面状要素	背景显示
	池塘	面状要素	背景显示
	海	面状要素	背景显示
	游泳池	面状要素	背景显示
	水渠	线状要素	背景显示
	水沟	线状要素	背景显示
植被	树林	面状要素	背景显示
	绿化带	面状要素	背景显示
	草地	面状要素	背景显示
	公园	面状要素	背景显示
	经济植物	面状要素	背景显示

4. 行政境界数据

（1）导航地图行政境界数据的定义　导航地图行政境界数据是指在导航地图上标记各级行政区域范围和名称的数据，包括国家、省/直辖市/自治区、市/区、县/区、乡/镇/街道等行政区划信息。这些数据是基于各级政府官方行政区划分标准和地理信息系统（GIS）得出的，为导航地图提供了行政区划界限、行政区划级别和行政区划名称等关键信息。

（2）导航地图行政境界数据的内容

1）国家级行政区划：包括各国的国家名称和国界线。

2）省/直辖市/自治区级行政区划：包括各省/直辖市/自治区的名称和边界线。

3）市/区级行政区划：包括各市/区的名称和边界线。

4）县/区级行政区划：包括各县/区的名称和边界线。

5）乡/镇/街道级行政区划：包括各乡/镇/街道的名称和边界线。

行政境界数据不仅包括行政区域范围的边界，还包括各级行政区划名称、编号、级别等详细信息。在导航地图上，这些信息以不同的图层展示，可以通过缩放地图、拖动地图等操作进行查看和查询。

（3）导航地图行政境界数据的作用　导航地图的行政境界数据提供了行政区划信息，支持位置搜索、路径规划、地图展示和导航引导等服务，同时也为地理信息系统和城市规划等领域的数据分析提供基础数据支持。行政境界数据能够精确地界定行政区域的范围和名称，帮助用户快速了解自己所在位置及目的地的行政区划信息，进而提供更加准确和高效的导航服务。导航地图的行政境界数据一般包含的内容见表2-4。

表2-4　导航地图行政境界数据

数　据	类　别	地图要素类型	功　能
行政境界	国界	面状要素	显示行政管理区域范围
	省级界	面状要素	显示行政管理区域范围
	地市级界	面状要素	显示行政管理区域范围
	区县级界	面状要素	显示行政管理区域范围
	乡镇级界	面状要素	显示行政管理区域范围

5. 图形文件

1）导航地图图形文件的定义。导航地图图形文件是指包含导航地图中各种图形信息的文件，通常以矢量数据格式存储，包括线、面、点等地图要素和图标等地图元素的信息。这些数据文件是基于地理信息系统技术制作的，用于导航地图的显示、交互和操作。

2）导航地图图形文件的内容。地图要素数据、图标数据、地图样式数据、空间索引数据和数据库连接信息等构成了导航地图的完整数据体系。这些数据分别涵盖了地理要素、图标标识、地图样式、空间索引和数据库连接等方面的信息，为导航地图的显示、查询和更新提供了全面支持。通过这些数据的整合和应用，导航地图能够提供准确、直观、动态的导航服务，满足用户在出行、旅游等日常生活中的需求。

3）导航地图图形文件的作用。导航地图图形文件是导航地图的重要组成部分，见表

2-5，包含各种地理要素、图标、样式信息和空间索引数据等，可以提供地图显示、交互、查询、路径规划和更新等服务，同时也为数据分析和城市规划等领域提供基础数据支持。

表 2-5　导航地图图形文件

数　据	类　别	地图要素类型	功　能
	高速分支模式图	图片	显示增强
	3D 分支模式图	图片	显示增强
	普通道路分支模式图	图片	显示增强
	高速出入口实景图	图片	显示增强
图形	普通路口实景图	图片	显示增强
	POI 分类示意图	图片	显示增强
	3D 图	模型、图片	显示增强
	标志性建筑物图片	图片	显示增强
	道路方向看板	图片	显示增强

6. 语音文件

导航地图语音文件是指在导航过程中，通过语音合成技术将导航指引以语音形式呈现给用户的文件。该文件包含了各种导航指令、语音提示、警告、语音引导、特殊情况处理等内容，并以特定的格式存储在导航软件中。

导航地图语音文件是导航软件中非常重要的一部分，它能够给用户提供更好的语音导航服务、提醒用户注意事项、帮助用户更好地理解导航指引、处理特殊情况、提高驾驶安全性、提高驾驶体验。导航地图的语音文件一般包含的内容见表 2-6。

表 2-6　导航地图的语音文件

要　素	类　别	要素类型	功　能
	泛用语音	声音文件	导航辅助
语音	导航提示语音	声音文件	导航辅助
	道路名语音	声音文件	导航辅助

学习测验

1. 【单选题】百度导航系统中的定位功能通常使用什么技术来确定用户的位置？（　　　）

A. 蓝牙　　　　　　　　　　　　B. 北斗卫星定位（BDS）

C. Wi-Fi　　　　　　　　　　　 D. 红外线定位

2. 【单选题】在导航地图中，POI 是什么的缩写？（　　　）

A. 位置优化信息　　　　　　　　B. 主要地标

C. 道路信息　　　　　　　　　　D. 兴趣点

3. 【单选题】导航电子地图中的三维建筑模型是指（　　　）。

A. 地图中显示的不同建筑的颜色分布

B. 地图上显示的主要道路的模型

C. 电子地图中呈现的建筑物的三维模拟

D. 不同建筑的高度比例尺

4.【单选题】（　　　　）是导航地图中的航线规划。

A. 地图上显示的航空公司的飞行路线

B. 导航系统中计算最佳驾驶路径的过程

C. 地图上标记的主要航运线路

D. 地图上的水路交通标识

5.【单选题】在导航地图中，（　　　　）是交通信息层。

A. 显示道路名称的图层

B. 显示交通信号灯位置的图层

C. 显示交通拥堵和事故信息的图层

D. 显示城市整体交通情况的图层

6.【判断题】导航系统的构成要素包括定位、地图显示和路径规划功能。（　　　　）

研精致思

通过对导航地图的学习，请大家思考：生活中用的导航地图包括哪些内容？

_____

_____

_____

_____

任务实施

导航地图发展

【任务要求】

　　导航地图为自动驾驶车辆提供可视化的交互信息，让车辆提前了解前方路况，做出更好的规划。那么导航地图目前有哪些企业制作，导航地图行业的发展现状如何，未来发展趋势是怎样的呢？请大家以 5 人 / 组为单位，结合所学知识，查阅相关知识，完成导航地图发展现状与趋势分析报告，并派代表进行成果汇报。

【知识链接】请扫码查看微课视频：地图的演变与发展

【**成果展示**】小贴士：分析报告可以打印出来粘贴到文本框内哦！

任务 2.2 导航地图的制作流程

任务导入

假设你是一位城市交通规划师，你所在的城市面临着日益严重的交通拥堵问题。你受到该城市政府的委托，希望通过制作一张全新的导航地图来优化城市交通流动，提高市民的出行便利性和交通效率。

在本次任务中，你将从城市交通规划案例出发，探索导航地图的制作流程。通过了解导航地图的制作过程，你将能够更好地规划、设计出适应城市交通需求的导航地图，为市民提供实时的交通信息和最佳路线规划。那么导航地图生产流程是怎么样的呢？导航地图对智慧城市建设具有哪些作用呢？带上这些问题，让我们开始"导航地图的制作流程"的学习之旅吧。

任务目标

【知识目标】

1. 了解导航地图的定义和基本概念，包括导航地图作为定位和导航工具的核心功能。

2. 理解导航地图在不同场景下的应用，如车辆导航、公共交通导航、旅游等。

3. 掌握导航地图背后的技术原理，包括卫星导航系统、地理信息系统和地图数据采集与处理等。

【能力目标】

1. 能够分析实际案例中的导航需求，理解导航地图在解决问题和提高效率方面的作用。

2. 能够描述导航地图的生产流程，包括数据收集和整合、地图制作、信息更新等环节。

3. 能够评估导航地图的质量和准确性，了解导航地图在不同场景下的适用性和局限性。

【素养目标】

1. 通过了解导航地图的生产流程，培养分析问题和优化解决方案的能力，为城市交通规划和旅游导航等领域提供有效支持。

2. 增强合作与沟通能力，在学习导航地图生产流程的过程中，培养与团队合作和进行有效沟通的能力，为共同制作优质导航地图打下基础。

3. 增强创新意识，鼓励探索和创新，在导航地图的制作过程中尝试新的技术和设计方法，提高导航地图的实用性和用户体验。

 **理论学习**

知识点 1　导航电子地图制作过程

导航电子地图产品设计与制作过程，如图 2-3 所示。

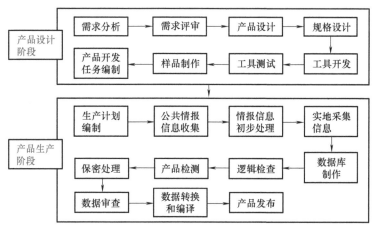

图 2-3　导航电子地图产品设计与制作过程

1. 产品设计阶段

（1）需求分析　将来自公司层面的策略、客户需求以及设计和制作环节的改善需求纳入统一的平台，进行需求汇总。将同类需求进行合并，调查分析需求的范围、类型、资源消耗、实现可行性等，并根据分析结果区分其等级。

（2）需求评审　组织相关的设计、研发、生产、转换、发布等各个部门，依据需求分析的结果展开讨论，根据需求重要程度和涉及资源情况判定其实现可行性、资源配置和实现周期，需求评审将决定此需求是否在产品中体现以及如何体现。

（3）产品设计　根据需求分析的结果、生产计划、资源配置情况，进行产品设计。设计内容包括产品计划、产品范围、产品实现方式、成本预算、资源配置、发布格式、品质要求、风险控制以及产品相关的子产品和产品线设计。

（4）规格设计　根据产品设计的结果进行数据采集、录入、存储、转换的规格设计以及工艺流程设计，同时进行风险评估和预防，并进行测试方案设计。

（5）工具开发　根据产品设计与规格设计的要求和产品开发计划组织研发部门进行数据采集、录入、存储、转换、验证等工具开发。

（6）工具测试　根据产品设计要求、工具设计需求以及产品开发计划，安排工具测试。在测试中要根据工具适用要求进行一定规模的样品生产测试，以验证其实用性及可靠性，以降低风险。

（7）样品制作　按照产品设计及规格设计制作能够反映数据特性的一定区域的样品数据，以供数据分析及测试。

（8）产品开发任务编制　根据需求评审的最终结果，编制产品设计书，主要规定新产品、新要素、新规格、新内容的开发计划、开发范围、数量目标和质量目标等内容。

2. 产品生产阶段

（1）生产计划编制　主要根据产品设计的要求，编制产品新功能的开发范围、开发计划、验证计划，以及产品更新的情报收集、现场采集、数据库制作、数据库检查、数据库转换等环节的日程计划。

（2）公共情报信息收集　公共情报信息收集主要有从国家权威部门获取和从市场收集两种途径。此类公共情报信息可作为导航电子地图数据库开发、更新过程中的参考信息，并不直接成为公司开发的导航电子地图数据库的组成部分。

（3）情报信息初步处理　经过对收集的公共情报信息进行整理，形成导航电子地图实地采集确认的参考信息。

（4）实地采集信息　外业专业人员利用专业设备，对导航的相关信息（如新增道路的形状、变化道路的形状、道路网络连接方式、道路属性、兴趣点等）进行实地采集，制作产品图稿和电子信息库，反馈回室内进行加工处理。

（5）数据库制作　数据库制作主要是根据现场采集成果（产品图稿和电子信息库等），进行相应的加工处理，制作成导航电子地图数据库。

（6）逻辑检查　根据导航数据库的模型设计和标准规则，进行分区域、分要素以及要素之间、全国范围的逻辑检查和拓扑一致性检查。

（7）产品检测　形成导航电子地图数据库后，经过相关的编译转换，进行室内检测和现场实地检测，根据检测的结果进行必要的调整和修改，确保制作出的导航电子地图产品的内容全面、位置精确、信息准确。

（8）保密处理　根据国家的相关规定，进行空间位置技术处理和敏感信息处理等，确保符合保密要求。

（9）数据审查　根据国家的相关规定，将检测后的数据库提交到国家指定的地图审查机构，进行必要的审查，取得审图号。

（10）数据转换和编译　根据不同客户的需求，进行数据格式转换或物理格式的编译，形成最终的导航电子地图格式。

（11）产品发布　地图审查后的导航地图，必须报送国家指定的出版部门，经过相关审查，取得出版号后，就可以作为最终产品进行上市销售。

3. 导航电子地图生产流程

（1）导航电子地图生产流程　导航电子地图生产流程如图 2-4 所示，具体包括：

1）地图数据获取。通过卫星遥感、BDS/GPS 定位、摄像头拍摄等方式，收集和获取道路、建筑和其他空间信息的原始数据。

2）数据处理与整理。对采集到的数据进行处理，如转换文件格式、去除重叠信息、校正地理坐标系统等，以确保原始数据的准确性和一致性。

3）地图制作。通过 CAD 等专业软件，将经过处理和整理过的数据进行制图，生成 2D 或 3D 地图。

4）地图更新。通过多源信息整合，手工校改或算法，将新信息不断更新到地图上。

5）数据存储。将制作好的地图数据存储在数据库中，包括地图图层、POI 等。

6）导航算法。根据用户输入的路径信息，通过路径规划算法生成最佳路径，并把路径信息和地理信息结合生成导航地图展现。

7）导航功能开发。制作基于地图数据和路径的导航系统，在数据库中存入和维护路线，实现车辆实时定位等功能。

8）测试与验证。成品地图进行功能测试、版本验证、定位精度测试等，提高电子地图的准确性和稳定性。

9）发布与维护。对地图进行发布，由主管部门进行维护和更新，及时整合新增、改变的信息，确保地图的实时性和精度。

通过以上几个主要步骤，可以生产出高质量、实用可靠的导航电子地图，提供给用户更准确、更便捷的导航信息，进而为人们的出行提供帮助和方便。

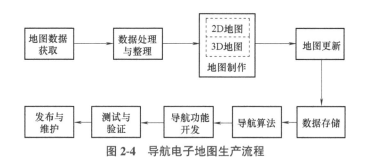

图 2-4　导航电子地图生产流程

（2）导航地图从数据源到导航商品的产业全流程　导航地图在现代社会中有着广泛应用，基于数字化技术的地图制作流程也在不断优化和升级，为出行提供更为准确、便捷、安全的服务，导航地图从数据源到导航商品的产业全流程如图 2-5 所示。

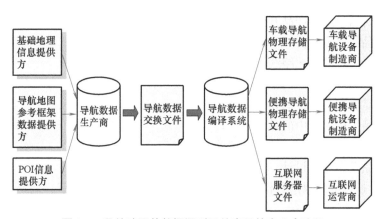

图 2-5　导航地图从数据源到导航商品的产业全流程

（3）导航电子地图的制作过程需要行业监管　行业监管过程包括质量检查、安全监管和合规监管等环节，如图 2-6 所示。其主要内容包括外业备案、安全处理、数据加密、审查地图和地图出版。行业监管旨在确保生产出的地图数据准确、一致、实时，同时遵守相关法律法规和商业合作协议，保证数据安全和保护隐私。在制作过程中，需要进行严格的抽检认定，确保导航精度，为用户提供全面优质的导航服务。此外，还需要制订服务与技术方案，满足客户需求，保证车辆导航的安全性和稳定性。通过行业监管和质量保证措施，可以确保导航电子地图的制作过程符合规范和标准，为用户提供可靠的导航服务。

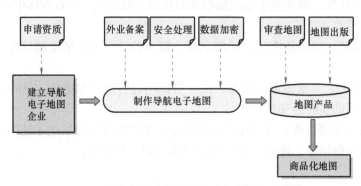

图 2-6　导航电子地图的制作过程需要行业监管

知识点 2　导航电子地图产品设计

一、产品设计

导航电子地图产品的设计是一件精细而复杂的工作。产品设计需满足产品和市场需求，能够对产品制造生产进行指导，并使得产品满足相关政策法规要求和相关行业标准。

1. 产品设计书编写

导航电子地图产品设计书的编写，需要经以下步骤完成：

1）对导航电子地图产品的需求进行整理、分析，分析为满足需求所需要的成本、生产时间、质量要求，并将分析结果进行汇总、整理。

2）根据分析结果进行产品开发范围、产品开发路线、产品关键节点的设计。

3）进行产品规格设计。

4）进行产品实现的工艺路线设计。

5）进行产品实现过程中的采集、编辑、转换、检查工具设计。

6）进行产品测试、验证的相关设计。

7）进行产品生产过程中的品质过程设计。

8）进行产品设计与实现过程中的风险控制过程设计。

9）进行产品发布过程设计。

对以上设计过程的结果进行汇总、整理，组织相关人员进行评审、判定，最终形成导航电子地图产品的产品设计书。

2. 设计目标

导航电子地图的产品设计目标主要需满足以下几方面要求：

1）能够满足导航电子地图应用的客户需求和市场应用需求。

2）满足导航电子地图应用的具体硬件、软件、行业应用以及环境需求。

3）通过设计对数据采集、加工编辑和转换发布过程进行说明定义。

4）使导航电子地图产品满足国家相关政策法律要求。

5）使导航电子地图产品满足行业相关标准（如车载导航电子地图需满足汽车工业的工业标准）。

3. 设计内容

导航电子地图产品的设计内容如图 2-7 所示。

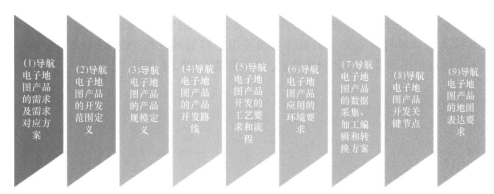

图 2-7 导航电子地图产品的设计内容

二、产品规格设计

1. 导航电子地图制作标准

在导航电子地图领域，标准是针对性很强的数据制作规格技术文档，具体是指在导航电子地图的制作过程中，为满足设计需求，对源数据的采集、数据录入、数据输出等阶段，提出统一的技术要求，制订数据规格、制作方案等，是设计、生产和质检等方面所需共同遵守的规定。一般来讲，导航电子地图的标准包括数据采集标准和数据制作标准。前者主要描述了在源数据的采集过程中所要遵循的规格要求，如采集对象、采集条件、记录方式等；后者主要描述了数据库制作过程的规格要求。

2. 导航电子地图制作标准的特点

（1）准确性　标准的描述语言应力求准确，能针对不同情况的制作规格进行明确的区分。

（2）适用性　现场情况多种多样且变化较快，因此不同数据版本可能会对应不同的制作标准，标准会根据现场变化或需求变化不断更新。

（3）权威性　标准一旦评审通过并发布，则具有权威性，无论是数据制作还是检查都需要以此为基准。

3. 数据库规格设计内容

（1）要素定义　它是指准确地描述设计对象的性质和内涵，并与现实世界建立明确的对应关系。

（2）功能设计　它是指明确要素在导航系统中所起的作用和用途，功能设计是要素模型设计和制作标准的基础。

（3）模型设计　它是指构建要素的存储结构，并设置与其他要素之间的逻辑关系，保证导航功能的实现。

（4）采集制作标准　地图要素是现实世界的反映，合理、科学地表达要素类别和要素与要素之间的拓扑关系是导航功能实现的关键，采集制作标准就是要科学合理地表达要素类别和拓扑模型。

4. POI 设计内容

兴趣点（Point of interest，POI）是一种用于客户进行目的地设施检索，并可通过检索结果配合道路数据进行引导的索引数据。

1）POI 模型，在 POI（兴趣点）模型中，父子关系通常用于描述不同 POI 之间的层次结构或从属关系。通过建立父子关系，系统可以更容易地进行 POI 的检索、过滤和导航，使系统更有效地组织和管理大量 POI 数据。POI 模型如图 2-8 所示。

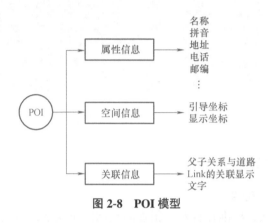

图 2-8　POI 模型

2）功能设计。功能设计包括通过名称、拼音、分类菜单检索 POI，以及根据分类显示不同检索图。用户可方便地搜索具体 POI 并通过清晰的图标区分不同类型的地点。

3）相关属性。它包括行政区划代码，指明每个 POI 所属行政主体，以及与某道路 Link 的关联。此外，每个 POI 都有分类信息，可通过类别检索图形清晰展示，为不同类别的 POI 提供特定的特征图片，以便用户直观地识别和区分各类兴趣点。这样设计增强了地图应用的用户体验，使得用户能更方便地定位、识别和选择所需的地点信息。

三、需求设计

1. 需求分析

需求分析见表 2-7。

导航电子地图的特点是专业化和产品化，需要在地图制作之前进行产品设计。需求分析是产品设计的重要环节，其成果是需求设计文件，包括导航功能描述、数据表达内容、数据规格和操作界面说明等内容。导航功能描述用于详细说明满足导航系统某一需求时需要实现的具体功能，如新增停车位引导道路属性需要通过新增道路 Link 的属性来实现。数据表达内容用于阐述该项需求具体实现的内容，如每个字段的值域等。数据规格用于阐述该项需求通过何种形式来实现，如点、线、面或一组关系。操作界面说明描述功能的操作过程，明确人机交互流程和输入输出数据格式等。通过需求分析，可以更好地理解客户需求，为后续的地图制作提供清晰的方向和指导，确保产品满足客户需求，提高产品质量和用户体验。

表 2-7　需求分析

需求设计表

申请项目名称		项目编号	
需求背景			
申请项目功能	□新开发　□变更	项目/课题	
软件用途	□生产用工具　□管理类工具　□研发类工具		
人工工作量	□无法完成　　□工作量很大　□工作量不大		人/天
使用频率	□一次 □作业中频繁使用 □每版出品使用		
功能详细描述	数据描述：描述特定术语，定义与意义，值域限制，采集制作方法等 术语描述：＿＿＿＿＿＿＿＿＿＿＿＿＿＿＿＿＿＿＿＿＿＿＿＿＿＿＿＿＿＿ 定义与意义：＿＿＿＿＿＿＿＿＿＿＿＿＿＿＿＿＿＿＿＿＿＿＿＿＿＿＿＿＿ 值域限制：＿＿＿＿＿＿＿＿＿＿＿＿＿＿＿＿＿＿＿＿＿＿＿＿＿＿＿＿＿＿ 采集制作方法：＿＿＿＿＿＿＿＿＿＿＿＿＿＿＿＿＿＿＿＿＿＿＿＿＿＿＿＿ 输入数据（描述数据类型、格式，数据内容，组织形式：对单文件还是多文件处理，对单目录还是多级目录处理，是否需要图幅列表，如果是数据库，需要对哪些表做处理）： 1）数据内容：＿＿＿＿＿＿＿＿＿＿＿＿＿＿＿＿＿＿＿＿＿＿＿＿＿＿＿＿＿ 2）数据类型：＿＿＿＿＿＿＿＿＿＿＿＿＿＿＿＿＿＿＿＿＿＿＿＿＿＿＿＿＿ 3）数据格式：＿＿＿＿＿＿＿＿＿＿＿＿＿＿＿＿＿＿＿＿＿＿＿＿＿＿＿＿＿ 4）组织形式：＿＿＿＿＿＿＿＿＿＿＿＿＿＿＿＿＿＿＿＿＿＿＿＿＿＿＿＿＿ 输出数据（描述数据类型、格式，数据内容，组织形式等）： 1）数据内容：＿＿＿＿＿＿＿＿＿＿＿＿＿＿＿＿＿＿＿＿＿＿＿＿＿＿＿＿＿ 2）数据类型：＿＿＿＿＿＿＿＿＿＿＿＿＿＿＿＿＿＿＿＿＿＿＿＿＿＿＿＿＿ 3）数据格式：＿＿＿＿＿＿＿＿＿＿＿＿＿＿＿＿＿＿＿＿＿＿＿＿＿＿＿＿＿ 4）组织形式：＿＿＿＿＿＿＿＿＿＿＿＿＿＿＿＿＿＿＿＿＿＿＿＿＿＿＿＿＿ 具体功能（描述详细功能）：＿＿＿＿＿＿＿＿＿＿＿＿＿＿＿＿＿＿＿＿＿＿＿ 特殊需求（界面等其他要求）：＿＿＿＿＿＿＿＿＿＿＿＿＿＿＿＿＿＿＿＿＿＿		
影响	描述系统实现后，对现有工作流程等的影响： 原作业流程描述：＿＿＿＿＿＿＿＿＿＿＿＿＿＿＿＿＿＿＿＿＿＿＿＿＿＿＿＿ 新作业流程描述：＿＿＿＿＿＿＿＿＿＿＿＿＿＿＿＿＿＿＿＿＿＿＿＿＿＿＿＿		

2. 可行性分析

需求设计文件编写完成之后，首先需要与开发人员、用户进行可行性分析，综合考虑多方面因素，包括时间和资源上的限制、数据源调查与评估、技术可行性评估、系统的支持状况等。工具使用人员根据可行性分析的成果，填写需求设计表。需求规格书的结构如图 2-9 所示。

```
1. 引言
   1.1 编写目的
   1.2 项目背景
   1.3 定义
   1.4 参考资料
2. 任务概述
   2.1 目标
   2.2 软件系统与其他系统的关系
3. 数据描述
   3.1 输入数据
   3.2 输出数据
4. 功能需求
   4.1 功能划分
   4.2 功能描述
5. 性能需求
   5.1 时间特性
6. 运行需求
   6.1 用户界面
   6.2 界面说明
7. 履历
```

图 2-9　需求规格书的结构

知识点 3　导航电子地图产品制作

一、编制作业任务书

作业任务书是用来指导制作作业全过程的规范性文件。其包括对于制作作业的目标、任务要求、时间计划、品质要求等各方面的定义说明。

1. 概述

说明本次作业任务对应的产品版本、任务目标、任务量、整体完成期限等相关内容。

2. 任务分解

1）根据作业任务中所涉及的作业类型、性质、所处地理位置将整体的作业任务分解为若干子任务。

2）对于分解后的子任务分别明确作业区域、任务量、任务开始时间及截止时间。

3. 作业成果主要技术指标和规格

明确作业成果的种类及形式、坐标系统、投影方法、比例尺、数据基本内容、数据格式、数据精度以及其他技术指标等。

4. 设计方案

1）规定作业所需的主要装备、工具、程序软件和其他设施。

2）规定作业的主要过程、各工序作业方法和精度质量要求。

5. 质量保证措施和要求

1）明确采集、作业各环节的成果数据的质量要求。

2）规定对于数据质量的详细保证措施。明确数据的抽样检查比率；明确重点区域的重点对象；明确自查、小组内互查、实地抽样检查、品质监察等各环节的详细要求。

6. 资源分配

明确各子任务所配备的车辆、人员、经费等资源状况。

二、现场采集

1. 出工前的准备

（1）资源准备

1）基础参考数据：将加密后的基础参考数据分发到各作业队。

2）设备：领取或购买制作所需的相关设备，并确保设备状态良好可用。

3）人员：为所有作业人员办理《测绘作业证》，确保作业所需人员到岗并可按时出工作业。

（2）技术准备　组织全体作业人员学习作业任务书中相关的设计方案，并进行考核。对于考核不合格者不能进行制作作业。

（3）安全保密教育

1）对于车辆驾驶人重点强调安全驾驶的相关法律法规。

2）组织作业人员学习《公开地图内容表示规范》，避免作业过程中发生涉军、涉密的情况。

（4）特殊采集区域

1）对于要进入高原、高寒地区作业的人员，需要提前进行气候适应训练，掌握高原基本知识。

2）对于进行少数民族聚集区作业的人员，需要提前了解当地的风俗民情、气候、环境特点，制订具体的保障措施。

2. 实地制作作业

（1）道路要素制作作业

1）通过 BDS/GPS 设备测绘作业区域内的所有可通行车辆的道路形状。

2）现场采集道路的其他附属属性，如道路等级、道路幅宽、道路的通行方向、道路名称、道路上的车辆通行限制等。

3）按照生产任务书中的要求，对于指定的现场情况较复杂的道路路口进行全方位拍照，以便录入作业时制作路口实景图要素。

（2）POI 数据制作作业

1）通过 BDS/GPS 设备参照道路要素的形状，现场采集所有 POI 的位置坐标。

2）现场采集 POI 数据的其他附属属性，如名称、地址、电话、类别等。

3）对于星级宾馆、4A 级与 5A 级的景点等用户关心的 POI，要保证现场采集完整。

4）对于采集区域内的主要商业区、CBD 等区域内部的 POI 要保证现场采集完整。

（3）特殊情况　现场遇到作业任务书中的技术方案未能明确的情况时，需将现场情况反馈给负责标准规格的设计部门，由设计部门组织解决。

（4）作业结果检查

1）通过 BDS/GPS 轨迹确认作业区域内的所有道路数据是否都已经进行了调查采集。

2）检查所有新采集的道路及道路形状修改处与其周边的 POI 的逻辑关系是否正确。

3）对于多个作业区域的相邻接边处，检查确认道路数据的形状、属性接边是否正确，POI 数据是否存在采集重复的情况。

4）确认生产任务书中要求拍照的复杂路口的照片是否拍摄完整，照片是否清晰可用。

3. 作业成果提交

1）将作业成果按类型、区域进行汇总，并统计出详细的成果报告。

2）将汇总整理后的作业成果提交给后续作业部门。提交过程中交接双方需填写数据交接单。

三、录入制作

1. 录入作业前的准备

（1）数据准备

1）接收现场采集后反馈的成果数据。

2）整理与录入作业相关的其他基础数据。

（2）技术准备

1）组织全体作业人员学习作业任务书中相关的设计方案，并进行考核。对于考核不合格者不能进行制作作业。

2）开发、测试录入作业时需要使用的工具、程序。

（3）安全教育　组织作业人员学习《公开地图内容表示规范》，避免作业过程中发生涉军、涉密的情况。

2. 录入作业

参照外业现场采集的道路、POI数据，按照设计方案中的技术要求进行录入作业。

（1）道路数据

1）参照BDS/GPS结果人工描绘道路形状。

2）录入道路数据的其他相关属性，如道路等级、道路幅宽、道路的通行方向、道路名称、道路上的车辆通行限制等。

3）对于大区域范围的路网连通性进行调整，保证高等级道路之间道路的连通性。

4）在复杂道路路口处记录路口实景图的编号。

（2）POI数据

1）接收到录入作业完成以后的道路数据，参照道路数据调整POI的相对位置。

2）调整相邻POI之间的相对位置关系。

3）对POI的名称、地址、电话、类别等信息进行标准化处理。

4）通过人工翻译等方式制作POI的英文名称。

（3）注记

1）参照国家1:5万比例尺数据选取作业区域内主要地名、自然地物名等对象制作为注记要素。

2）参照录入作业完成以后的POI数据，选取区域内有代表性的POI作为注记要素，如地标性建筑物、历史景点、市政府等。

3）参照录入作业完成以后的道路数据，选取高速公路、国道的道路名，按一定的密度要求均匀分布，作为注记要素。

4）按功能性质为制作的注记要素赋类别代码，如学校类、地物类、大厦类等。

5）按注记的重要程度为制作的注记要素赋显示等级，用以控制该注记要素的可表达的比例尺。

6）确保注记名称的表达符合国家规定。

（4）背景数据

1）参考卫星影像、城市旅游图等基础数据，描绘出湖泊、河流的形状。

2）参照公园、景区的规划示意图，描绘出公园、景区的形状。

3）参照城市旅游图及其他相关基础数据为背景数据赋中、英文名称。

4）按照国家对湖泊、河流定义的等级及湖泊的面积，为背景要素赋显示等级，用以控制不同湖泊、河流的可表达的比例尺。

5）确保重要岛屿及界河中岛屿的表达符合国家规定。

（5）行政境界

1）参考国家 1∶400 万的基础数据制作行政境界的形状。

2）参考《中华人民共和国行政区划代码》制作行政境界的名称及行政区划代码。

3）确保国界、未定国界、南海诸岛范围界等重要境界线的表达符合国家规定。

（6）图形数据

1）按外业现场拍摄的复杂路口照片制作路口实景图，并按原则为路口实景图进行编号。

2）制作 POI 和注记要素的类别检签图标，以区分他们的不同类别。

3）制作不同城市标志性建筑物的三维模型。

（7）语音数据　录制重要的道路名称、POI 名称的普通话语音。

知识点 4　检查验收与保密处理

一、检查验收

对于作业完成的各种数据要素，都需要进行品质检查，以确保最终提供给用户的数据的正确性。

1. 逻辑检查

通过逻辑型的判断分析，来检查数据的正确性。逻辑检查所发现的问题有两种类型：绝对性错误和可能性错误。

1）绝对性错误即逻辑检查所发现的问题一定是错误的，必须进行修正，如相同的位置有多个同名称同类型的 POI、一个城市的路网与其他周围的城市不连通等。

2）可能性错误即逻辑检查所发现的问题有很大的可能性是数据制作错误，需要进行重点确认，如道路形状叠加在海洋、河流的背景数据上，有可能是跨海、跨江大桥，也有可能是背景数据制作时形状不准确。

2. 实地验证

对于录入检查完成的数据进行现场验证评价。

1）道路要素的形状与现场是否一致。

2）道路要素中名称等属性与现场比较是否正确。

3）路口实景图中表达的内容与现场情况是否一致。

4）POI 数据的位置、名称等属性与现场比较是否正确。

5）确认重要区域的重点 POI 的完整性。

3. 国家审图

录入作业的成果需要由国家测绘地理信息局地图技术审查中心进行地图审查。主要审查内容有：

1）中国国界线的表达是否完整、正确。

2）注记名称表达是否正确。

3）我国的重要岛屿及界河中岛屿的表达是否完整、正确。

4）保密问题。它是指在地图中是否表示了涉密内容，如军事单位、涉及国民公共安全的重要民用设施等。地图涉密内容在《公开地图内容表示规范》中有明确规定，凡是涉密内容均不应在地图中表示。

二、保密处理

1. 坐标脱密处理

根据《导航电子地图安全处理技术基本要求》（GB 20263—2006）要求，导航电子地图在公开出版、销售、传播、展示和使用前，必须进行空间位置技术处理；该技术处理应由国务院测绘行政主管部门指定的机构采用国家规定的方法统一实现。

因此，导航电子地图必须经过地图坐标脱密处理，目前行政主管部门指定的技术处理单位为中国测绘科学研究院。

2. 敏感信息处理

在《导航电子地图安全处理技术基本要求》（GB 20263—2006）中明确规定了不得进行采集和表达的内容。

不得采集的内容包括：

导航电子地图制作过程中，不得采用各种测量手段获取以下地理空间信息，可否在公开出版、销售、传播、展示和使用时表达执行本标准第 6 章的要求。

1）重力数据、测量控制点。

2）高程点、等高线及数字高程模型。

3）高压电线、通讯线、管道。

4）植被和土地覆盖信息。

5）国界和国内各级行政区域界线。

6）国家法律法规、部门规章禁止采集的其他信息。

不得表达的内容包括：

导航电子地图在公开出版、销售、传播、展示和使用时，下列内容不得出现。

1）直接服务于军事目的的各种军事设施：指挥机关、地面和地下的指挥工程、作战工程，军用机场、港口、码头，营区、训练场、试验场，军用洞库、仓库，军用通信、侦察、导航、观测台站和测量、导航、助航标志，军用道路、铁路专用线，军用通信、输电线路，军用输油、输水管道。

2）军事禁区、军事管理区及其内部的所有单位与设施。

3）与公共安全相关的单位及设施：监狱、刑事拘留所、劳动教养管理所、戒毒所（站）和收容教育所，武器弹药、爆炸物品、剧毒物品、危险（化工）品存储厂库区、铀矿床和放射性物品的集中存放地。

4）涉及国家经济命脉，对人民生产、生活有重大影响的民用设施：大型水利设施、电力设施、通讯设施、石油与燃气（天然气、煤气）设施、重要战略物资储备库（粮库、棉花库）、气象台站、降雨雷达站和水文观测站（网）。

5）专用铁路及站内火车线路、铁路编组站，专用公路。

6）桥梁的限高、限宽、净空、载重量和坡度属性，隧道的高度和宽度属性，公路的路面铺设材料属性。

7）江河的通航能力、水深、流速、底质和岸质属性，水库的库容属性，拦水坝的高度属性，水源的性质属性，沼泽的水深和泥深属性及其边界轮廓范围，渡口的内部结构及其属性。

8）公开机场的内部结构及其运输能力属性。

9）高压电线、通讯线、管道。

10）重力数据、测量控制点。

11）显式（显式包括实时显示、图面注记和属性查询）参考椭球体及其参数、经纬网和方里网。

12）显式的空间位置平面坐标数据，国家正式公布的空间位置平面坐标数据除外。

13）显式的高程数据，国家正式公布的高程数据除外。

14）国家法律法规、部门规章禁止公开的其他信息。

【知识链接】请扫码查看微课视频：导航地图的制作流程

学习测验

1.【单选题】导航地图制作过程中，数据获取的关键步骤是（　　　）。

A. 设计地图的图标和颜色　　　　　　B. 收集实时交通信息

C. 获取地理信息数据　　　　　　　　D. 制作地图上的 POI

2.【单选题】在导航地图产品设计中，视觉层级是（　　　）。

A. 地图上的比例尺　　　　　　　　　B. 地图上标记的主要道路

C. 地图的颜色方案　　　　　　　　　D. 地图的 3D 模型

3.【单选题】导航地图生产流程中的地理数据库构建涉及（　　　）内容。

A. 将地图投影到曲面　　　　　　　　B. 在地图上标记导航路径

C. 建立包含地理信息的数据库　　　　D. 设计地图的图例

4.【单选题】导航地图生产的样式化指的是（　　　）。

A. 设计地图的图标和符号　　　　　　B. 收集实时交通数据

C. 在地图上添加 3D 建筑模型　　　　D. 将地球表面投影到平面地图上

5.【单选题】导航地图的最终印刷和分发属于生产流程的哪个阶段？（　　　）

A. 数据处理和制作　　　　　　　　　B. 数据获取

C. 产品设计　　　　　　　　　　　　D. 产品生产和分发

研精致思

通过对导航地图生产流程的学习，请大家思考：校园导航地图生产流程是怎么样的呢？

_____

_____

_____

_____

 任务实施

导航地图数据集成商与生产标准探讨

【任务要求】

导航地图为自动驾驶车辆提供可视化的交互信息，让车辆提前了解前方路况，做出更好的规划。那么导航地图目前有哪些企业制作呢？导航地图行业的制作标准是怎么样的呢？请大家以 5 人 / 组为单位，结合所学知识，查阅相关知识，完成导航地图制作与作业标准分析报告，并派代表进行成果汇报。

【知识链接】请扫码查看微课视频：导航地图的制作标准

【成果展示】小贴士：分析报告可以打印出来粘贴到文本框内哦！

任务 2.3 导航地图的数据采集

任务导入

地图采集是一项需要耗费大量时间和精力的工作，但它是制作高质量地图的基础。通过选择合适的采集工具、采集地形数据、空间数据和属性数据，整理和绘制地图，并对地图进行质量检查和更新，可以制作出准确、详细、时效性强的地图。导航地图有很多采集方法，可以通过遥感卫星图片，解析出道路网，再根据购买的当地地图，确定地图的准确性，并另外添加一些信息点；也可以通过无人机航拍图片，进行解析，从而得到地图数据，再从国家基础地理信息中心获得相关信息。

在现代导航服务中，导航地图数据采集是确保准确导航的关键环节。百度地图作为中国领先的导航服务提供商，通过各种技术手段进行广泛的地图数据采集，以提供精准的导航服务、实时的交通情报和丰富的兴趣点信息。那么导航地图的数据是怎么进行采集的呢？需要使用什么工具？带上这些问题，让我们开始"导航地图的数据采集"的学习之旅吧。

任务目标

【知识目标】

1. 了解无人机构造和操作流程，以及其在地图数据采集中的应用。

2. 掌握地图数据采集的基本原理，包括高精度卫星图像获取、地面特征提取等。

【能力目标】

1. 学会操作无人机，包括起飞、飞行、降落等基本技能，确保在数据采集过程中的安全和稳定性。

2. 能够根据采集目标规划无人机的飞行路径，覆盖需要采集的地区，最大限度地获取有效数据。

3. 掌握地图数据采集过程中的数据记录、存储和传输方法，并了解数据的后续处理流程，如图像拼接、地图制作等。

【素养目标】

1. 在无人机数据采集项目中，培养与团队成员协作的能力，共同制订飞行计划、数据处理方案等。

2. 强调在无人机操作中的安全性和合规性，培养对任务的责任感和飞行过程中的风险意识。

3. 在数据采集过程中，鼓励思考如何优化飞行路径、提高数据质量，培养创新思维和解决问题的能力。

知识点　如何做导航地图数据采集

1. 导航地图采集步骤

导航地图采集是指通过各种手段收集、整理和绘制地理信息，以制作地图。地图采集是绘制高质量地图的基础，也是地理信息系统的重要组成部分。下面是如何做导航地图采集的详细步骤。

（1）确定采集范围和目的　在开始地图采集之前，需要确定采集的范围和目的。采集范围可以是一个城市、一个地区或者一个国家。而采集目的可以是用于旅游导航、城市规划、自然地理、环境监测等。

（2）选择合适的采集工具　根据采集目的和采集范围，选择合适的采集工具。如果采集范围比较小，可以使用手持 BDS/GPS、测距仪等工具进行采集；如果采集范围比较大，可以使用无人机、航空遥感技术、卫星遥感技术等工具进行采集。湖南汽车工程职业学院卫星影像如图 2-10 所示。

图 2-10　湖南汽车工程职业学院卫星影像

（3）采集地形数据　地形数据是地图采集的基础，包括地形高度、地貌、水系、道路、建筑物等。可通过使用 BDS/GPS、测距仪等工具进行采集，并使用数字化地图工具将采集到的数据进行数字化处理。

（4）采集空间数据　空间数据包括地理位置、区域边界、地理坐标等。可以通过 BDS/GPS、卫星遥感技术等工具进行采集。

（5）采集属性数据　属性数据包括地物名称、类型、功能、面积等信息。可以通过现场调查、问卷调查、地方政府公开数据等途径进行采集。

（6）整理和绘制地图　将采集到的地形数据、空间数据和属性数据整理、编辑，并使用地图制作软件进行绘制。地图制作软件可以是 ArcGIS、QGIS、AutoCAD、京东地图等。

（7）地图质量检查和更新　制作完成后，需要对地图进行质量检查和更新。定期更新地图可以保证地图的准确性和时效性。

2. 数据采集流程

数据采集流程如图 2-11 所示。

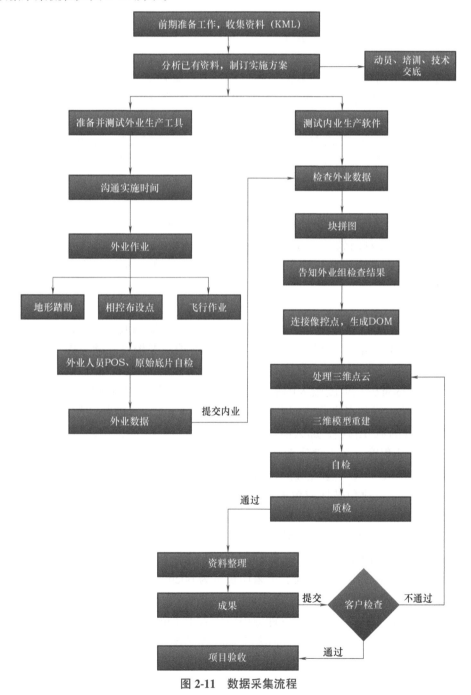

图 2-11　数据采集流程

3. 数据采集前操作

像控点是摄影测量控制加密和测图的基础，野外像控点目标选择的好坏和指示点位的准确程度，直接影响成果的精度。换言之，像控点要能包围测区边缘以控制测区范围内的位置精度，一方面，解决飞行器因定位受限或电磁干扰而产生的位置偏移、坐标精度过低等问题；另一方面，消除飞行器因气压计产生的高层误差值过大等其他不利因素影响（在摄影测量中，高层误差指的是气压计测量得到的高度与实际高度之间的差异）。只有每个像控点都按照一定标准布设，才能使得内业更好地处理数据，使得三维模型达到一定精度。

测区内的像控点不必密集，但要求均匀分布。布设像控点时应注意测区范围内的坐标点都应保持同一个精度，一个像控点的小误差，会影响几平方千米的精度，原理同数学中的空间三个点确定一个平面相仿。布设好的像控点需考虑喷涂方式、位置选择、像控点大小。

（1）喷涂方式　像控点有标靶式像控点和油漆式像控点；油漆式像控点分为喷漆式和涂漆式。

1）标靶式像控点。标靶式像控点为打印的像控点，不需要喷涂，可直接放在测区内，航测飞机完成航测后就地回收，低碳环保。其缺点是容易被移动，需当场采集坐标，且不适合测区较大的项目。

2）油漆式像控点。

① 喷漆式像控点。喷漆式像控点保存时间长，位置固定，可航测飞机起飞后再采集坐标，更灵活。其缺点是耗时较长、成本高。

② 涂漆式像控点。涂漆式像控点会产生较大的气味，但一桶漆能做很多个点，做的像控点也比较直。

（2）位置选择

1）视野。像控点座的位置应该尽量在空旷的、四周无遮挡或者较少遮挡、像控角度为45°（与地面的夹角）的地点，同时尽量保证飞行器能拍到像控点。须考虑像控点被遮挡的情况，故选点要避免在电线杆下、停车场内，避开有阴影的区域。

2）坡度。应尽量少在坡度较大的地方布点，因内业刺点（内业刺点是指使用专业软件对航测照片或影像进行刺点操作，以获取测区内的特征点或特征线）时会有无法避免的偏差，若在坡度较大的地方刺点，那么偏差值就会被放大，影响模型精度。

3）预计被破坏程度。在工地或者其他扬尘比较大的地方，以及他人居所门口，像控点容易被覆盖、被破坏，应尽量避免在这样的地方设置像控点。像控点的选择和设置需要考虑其稳定性和安全性，以避免破坏或覆盖；如果被破坏或覆盖，需及时进行修复或重新设置，以确保测量结果的精度和质量。

（3）像控点大小　根据不同的高度、精度、重叠度，用不同摄像头布设不同大小的像控点是很有必要的。应预计摄像头在飞行高度看到的像控点大小，不要为了方便，把像控点布太小，这会给内业造成很大的麻烦。可采用长宽为 60cm × 80cm 的尺寸进行布设。

1）重叠度。布设的像控点应该是能共用的，通常在五六张照片重叠范围内，距离照片边缘要大于 150 像素，距离照片上的各种标识应该大于 1mm。

2）采集方式。选择何种采集方式需要根据具体情况进行综合考虑，包括测区的大小、复杂程度、采集时间、采集精度等因素。如果测区较大或者需要更高的采集精度，建议使用三脚架进行采集；如果测区较小或者需要快速转场，可以考虑使用手持花杆进行采集，但需要注意保持稳定的姿势和适当的采集速度。

3）刷漆样式。采用 L 形像控，采集内顶角点位像控坐标点。

学习测验

1. 【单选题】无人机在导航地图数据采集中的主要优势是（　　　）。

A. 支持实地地面调查　　　　　　　B. 收集实时交通数据

C. 能够飞行在高空　　　　　　　　D. 可以快速获取高分辨率的航拍图像

2. 【单选题】在使用无人机进行导航地图数据采集时，遥感传感器的作用是（　　　）。

A. 驾驶无人机的控制器　　　　　　B. 收集航拍图像和其他传感器数据

C. 进行地面调查　　　　　　　　　D. 生成道路网络数据

3. 【单选题】无人机在导航地图数据采集中能够覆盖的范围主要受到（　　　）的影响。

A. 无人机的颜色　　　　　　　　　B. 大气温度

C. 无人机的飞行高度和飞行速度　　D. 地图的比例尺

4. 【单选题】利用无人机进行导航地图数据采集时，如何处理地形高差变化？（　　　）

A. 忽略高差变化的影响

B. 通过车辆行驶轨迹来补偿

C. 使用高度传感器和地面控制点来校正

D. 将高差信息转化为颜色编码

5. 【单选题】在利用无人机进行导航地图数据采集时，如何处理地图中的遮挡问题（如建筑物、树木等）？（　　　）

A. 忽略遮挡部分　　　　　　　　　B. 通过收集地面数据来解决

C. 使用雷达技术穿透遮挡物　　　　D. 通过多角度拍摄和图像处理来减少遮挡影响

研精致思

通过对导航地图的数据采集的学习，请大家思考利用无人机进行导航地图的数据采集优势和劣势是什么？

_____

_____

_____

_____

任务实施

校园导航地图数据采集

【任务要求】

在校园内提供精确的导航服务，对于学生、教职员工和访客都具有重要意义。为了实现这一目标，学校计划使用无人机进行校园导航地图数据采集，以构建详细、实时的校园地图数据库。请大家以 5 人 / 组为单位，结合所学知识，查阅相关知识，通过无人机进行校园导航地图数据采集，构建精确、实时的校园地图数据库，以提供准确的导航服务，完成校园导航地图数据采集报告，并派代表进行成果汇报。

【任务步骤】

下面以大疆精灵 4 无人机航拍操作步骤为例进行介绍。

在规划航线前需将航飞路径的 KML 文件导入到 Altizure 软件中，然后利用 Altizure 软件规划航线，通过连接局域网打开网址，导入并加载文件，步骤如下：

1）选择自动航拍（图 2-12）。

图 2-12　选择自动航拍

2）单击开始（图 2-13）。

图 2-13　开始界面

3）选择设置（图 2-14）。

谷歌地图不用纠偏，高德地图和苹果地图都要打开纠偏，然后加载 KML，设计航线。

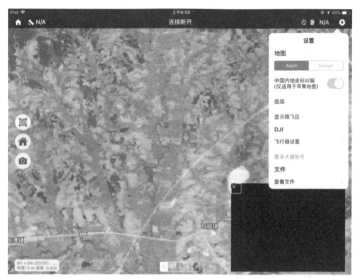

图 2-14 选择设置

4）进入图层（图 2-15）。

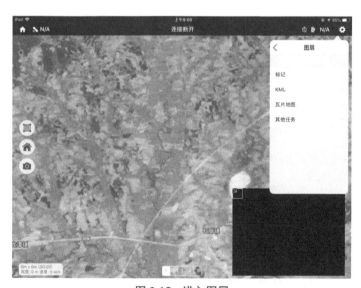

图 2-15 进入图层

5）勾选导入的 KML 文件，路径将显示在软件中（图 2-16）。

6）单击 ▣ ，然后选择"+"，增加新航线，拖动航线将其覆盖整个路径区域，相机参数
选择 相机 Phantom 4 Pro Camera ，高级选择 高级 信号丢失后 继续执行 ，如图 2-17 所示。

图 2-16 勾选文件

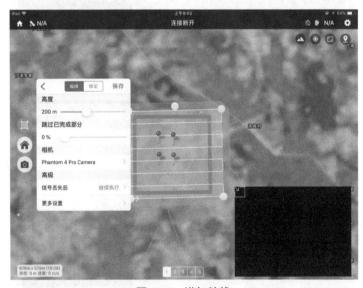

图 2-17 增加航线

高级设置中航向重叠率可选择 80%~85%，旁向重叠率可选择为 70%~80%（风大时重叠率可设置大一些），单航线设置不得超过 2km，综合考虑权衡效率，如果站在单次任务中央，可以按照 2km² 作为一次航飞任务，较为有利。

7）将参数设置好的航线保存并命名，航线规划完成（图 2-18）。

8）飞控软件连接，连接前需先将飞机螺旋桨连接好，将遥控器通过数据线与平板计算机连接，如图 2-19 所示，黑色螺旋桨连接黑色指示箭头，白色螺旋桨连接白色指示箭头，连接时将螺旋桨轻轻按下并按指示旋转方向旋转。

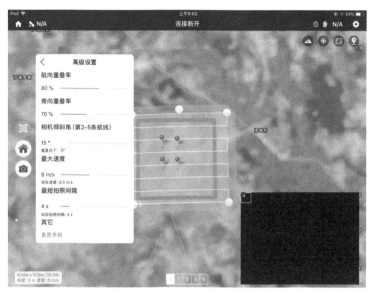

图 2-18　航线保存

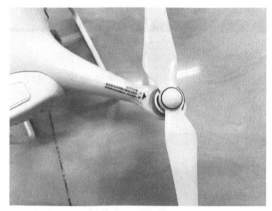

图 2-19　飞机螺旋桨

9）然后打开遥控器，先短按 查看电量，然后长按 开机，如图 2-20 所示。

10）然后再将飞机开机，先短按 查看电量，再长按 开机，如图 2-21 所示。

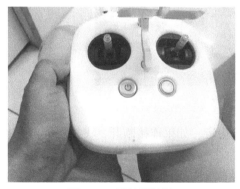

图 2-20　遥控器按键

图 2-21　飞机开机

11）打开大疆 DJI 飞控软件，软件自动进行飞前检查，检查完毕后会语音提示已获取返航点位置，如图 2-22 所示。起飞地点务必开阔，避免电线和树木等障碍，远离高压线路电磁干扰。DJI 软件连接飞机起飞后，在航线航飞过程中，任务结束前不得再在两款软件中切换查看，任务结束后，才能切换到 DJI 软件，操控无人机。

图 2-22　软件界面

此时再切换到 Altizure 软件，加载前面已保存并命名的航线（图 2-23），检查参数是否正确。

图 2-23　航线加载

在飞行过程中，需要确保飞机与控制器的连接稳定。如果连接断开，飞机可能会停止当前任务并返回起飞点，或者进入紧急着陆程序。因此，为了安全起见，建议将飞行时长控制在 15min 内，并确保飞机在完成航线后返航点与起飞点距离较近，以便及时掌控飞机的情况（慎重选择大面积航飞、续飞操作，续飞操务必站在航飞面积中央，保持飞机通信畅通，

电量低报警提示时，应中断任务并返航，更换电池后，接着完成剩余航线）。

　　任务结束后，返回到 DJI 操控界面，如果它还在自动拍照，则应切换为手动拍照，即可停止。

　　起飞操作如图 2-24 所示，单击 ⟨　　编辑　锁定　就绪　就绪，一步步按提示操作即可起飞。务必检查相机是否选择正确；确认信号丢失后，是否继续执行。

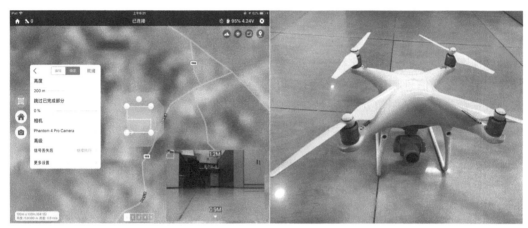

图 2-24　起飞操作

　　如果返航降落时，地点不理想，或者提示有障碍物，应取消自动下降，手动操作，选择降落地点。降落时，注意调整相机镜头方向，避免降落时碰坏镜头。

　　【成果展示】小贴士：采集到的数据成果可以打印出来粘贴到文本框内哦！

任务 2.4　导航地图的数据处理

任务导入

导航地图的数据处理在现代社会中具有重要作用，可以通过大量的地理数据来提供准确的导航指引、交通信息和位置服务。百度地图是一个导航地图数据处理的典型案例，它整合了多种数据源，使用了图像处理、计算机视觉、实时数据分析等技术，为用户提供了准确、实时的导航服务。类似的导航应用还有高德、谷歌、苹果地图、Waze 等，它们也都依赖于类似的数据处理流程。

那么导航地图的数据处理流程是怎么样的呢？处理的方法有哪些？带上这些问题，让我们开始"导航地图的数据处理"的学习之旅吧。

任务目标

【知识目标】

1. 了解 GIS 的数据类型、空间分析和制图技术，以有效地处理和展示地理信息数据。

2. 了解坐标系、地理投影等概念，确保地图数据正确定位。

3. 了解图像处理技术，以获取准确的地理数据。

【能力目标】

1. 掌握 GIS 软件的数据导入、编辑、分析、制图等基本操作，能够有效地处理地理信息数据。

2. 能够将不同数据源的地理信息进行关联，确保数据在地图上正确显示和定位。

3. 能够识别和解决数据不一致、坐标系不匹配等问题，确保地图数据的准确性。

【素养目标】

1. 能够与采集团队、用户和其他相关人员合作，共同完善地图数据。

2. 培养求知探索精神，保持学习和更新 GIS 技能，跟进地理信息技术的发展，不断提高数据处理能力。

理论学习

知识点 1　航测数据导入

1. 数据导入

将无人机采集的图片导入 Context Capture。Context Capture 可以使用图像匹配和三维重建技术生成道路地理信息的三维模型，如图 2-25 所示。

图 2-25　道路地理信息的三维模型

2. 导入步骤

Context Capture（CC）是一款功能强大的 3D 模型建模软件，可以从不同来源的 2D 照片、激光扫描数据等，创建高精度的 3D 模型。以下是 Context Capture 的使用教程。

（1）新建项目　打开 Context Capture 软件，在左侧导航栏选择新建项目，然后输入项目名称和位置。

（2）导入数据　在项目界面中，可以选择导入数据，如数字照片、激光扫描数据等。选择导入按钮，然后选择相应的数据源。

（3）调整相机参数　在导入数据后，需要调整相机参数以确保模型的准确性。选择设置相机参数按钮，然后选择标定相机选项。根据提示，在模型场景中选择控制点，并输入它们在实际场景中的坐标。

（4）生成场景　在完成相机标定后，可以开始生成场景。选择生成场景按钮，并根据提示完成场景生成。

（5）编辑模型　生成场景后，可以对模型进行编辑，如去除不必要的噪点、合并多个模型等。选择编辑模型按钮，然后选择相应的编辑工具。

（6）生成输出　完成编辑后，可以将模型导出为各种格式，如 OBJ、FBX 等。选择输出按钮，然后选择所需的输出格式和路径。

知识点 2　生成道路模型

在 Context Capture 中，可以设置道路地理信息的区域，运行图像匹配和三维重建，生成道路模型。应确保将图像定位和坐标系正确关联，以便模型地理定位准确。

（1）设置坐标系和地理定位　在新项目中，应确保设置正确的坐标系和地理定位信息。这通常包括输入图像的 BDS/GPS 数据，以便 Context Capture 可以将图像与地理坐标联系起来。

（2）标记道路区域　在 Context Capture 中，可以使用工具标记出包含道路的区域。可以手动选择图像或者利用自动提取道路特征的工具，以帮助软件识别道路区域。

（3）设置图像匹配参数　在 Context Capture 中，可以设置图像匹配参数，以确保图像能够正确匹配，生成道路地理信息的三维模型。这通常涉及图像匹配算法、匹配点数量等参数的配置。

（4）运行图像匹配和三维重建　启动图像匹配和三维重建过程，可以让 Context Capture 根据图像和地理信息生成道路模型的三维点云或三维模型。这个过程可能需要一定时间，这取决于图像数量和计算机性能。

（5）编辑和优化模型　在生成的道路模型中，可能需要进行编辑和优化。可以通过删除不需要的点、调整道路的几何形状、平滑道路的表面等，以确保模型的准确性和可用性。

（6）导出为 CAD 格式　一旦道路模型满足需求，就可以将其导出为 CAD 支持的格式，如 AutoCAD DWG 或 DXF。在导出过程中，应选择适当的坐标系和单位设置。

【知识链接】请扫码查看微课视频：GIS 图层编辑与检查

学习测验

1.【单选题】在导航地图数据处理中，地理坐标系统是（　　）。

A. 用于控制无人机飞行的系统

B. 用于处理航拍图像的软件

C. 用于描述地球上位置的数学模型

D. 用于测量地图比例尺的工具

2.【单选题】在导航地图数据处理中，数据插值是（　　）。

A. 将图像数据转化为地理坐标

B. 在地图上标记道路和建筑物

C. 从卫星获取数据

D. 基于有限的数据点生成连续表面的方法

3.【单选题】在导航地图数据处理中，空间分析是（　　）。

A. 收集地理信息数据的过程

B. 将地图上的符号和颜色进行投影

C. 分析地理数据之间的关系和模式

D. 通过 BDS/GPS 测量确定地理坐标的过程

4.【单选题】在导航地图数据处理中，拓扑关系是（　　）。

A. 地图中的 3D 建筑模型

B. 地图投影的方式

C. 地理实体之间的空间关系，如相邻、相交等

D. 地图中的颜色和图标

5.【单选题】在导航地图数据处理中，网络分析是（   ）。

A. 对航拍图像进行处理以消除遮挡物

B. 分析导航系统的实时交通数据

C. 分析地图中道路网络的连通性和最佳路径

D. 将地球表面投影到平面地图上的方法

6.【单选题】在导航地图数据处理中，属性数据是（   ）。

A. 用于控制无人机飞行的数据

B. 用于描述地理要素特征的数据，如名称、分类等

C. 用于测量地图比例尺的数据

D. 用于绘制航空路线的数据

7.【单选题】在导航地图数据处理中，数据清洗是（   ）。

A. 收集地理信息数据的过程

B. 对数据进行分析和建模

C. 处理图像数据以获得高分辨率图像

D. 对数据进行验证、修复和去除错误的过程

研精致思

通过对导航地图认知的学习，请大家思考：导航地图的数据处理流程是怎样的？

_____

_____

_____

_____

任务实施

校园导航地图数据处理

【任务要求】

校园导航地图数据处理包括数据采集、编辑、空间分析与制图等步骤。可通过 GIS 软件整合建筑、道路等地理信息，创建用户友好的导航地图。此地图可帮助校园内的用户进行定位、导航，提供最佳路径、建筑信息等。通过更新地图数据、结合用户反馈、不断优化准确性和实用性，可以提供高效的校园导航体验。那么如何进行校园导航地图数据处理呢？需要用到哪些软件？处理的步骤是怎么样的？请大家以 5 人 / 组为单位，结合所学知识，查阅相关知识，完成校园导航地图数据处理分析报告，并派代表进行成果汇报。

【成果展示】小贴士：数据处理成果可以打印出来粘贴到文本框内哦！

任务 2.5　导航地图的数据标注

任务导入

在导航地图中，数据标注是一项核心任务，它关乎着用户导航体验的准确性和详尽性。为了确保用户能够轻松找到目的地，避免迷路，标注人员需要对地理信息、道路网络和地标等关键数据点进行精确标注。这项任务并非易事，它需要标注人员具备精细的地理感知力和耐心，从卫星图像、地理信息系统和实地勘测等多方面获取准确的坐标和位置信息。

同时，导航地图的数据标注也需要注重细节，标注人员需要确保每一条道路、每一个交叉口以及重要地标都准确无误地呈现在地图上，这样才能提供更为优质的导航服务。

此外，导航地图的数据标注还需要考虑地图的更新和维护。随着城市的发展和道路的变化，地图需要不断更新以保持准确性。标注人员需要保持耐心和细致，确保地图的准确性和及时性，这样才能真正发挥导航地图的价值。那么什么是空间属性数据信息？怎么进行图层创建与标注？带上这些问题，让我们开始"导航地图的数据标注"的学习之旅吧。

任务目标

【知识目标】

1. 熟悉 ArcGIS 的界面、工具、功能，了解如何在软件中进行数据编辑和制图。
2. 了解导航地图中需要标注的数据的属性信息，包括建筑物名称、道路名称等。
3. 了解如何选择适当的符号和标记来表示不同的地理要素，以使地图易于理解。

【能力目标】

1. 掌握 ArcGIS 的编辑功能，能够添加、修改和删除地理要素的属性和几何形状。
2. 能够使用 ArcGIS 的标注工具，在地图上添加文本标签、图标等信息。
3. 能够选择合适的符号样式和颜色，以区分不同类型的地理要素。

【素养目标】

1. 注重标注的准确性，确保地图信息正确传达给用户。
2. 运用创意和设计思维，使地图标注清晰、美观，便于用户识别。
3. 对于数据的标注和编辑过程，需要耐心和细心，以确保没有遗漏或错误。

理论学习

知识点 1　空间数据编辑与标注

一、标注导航地图数据的一般步骤和内容

在 ArcGIS 中标注导航地图的数据通常包括添加文本标签、图标、箭头等信息，以帮助用户更清晰地理解地图内容。以下是标注导航地图数据的一般步骤和内容。

1. 步骤

1）打开 ArcGIS 软件，加载地图项目，如图 2-26 所示。

2）确保导入或绘制的地理数据图层已经添加到地图中。

3）进入编辑模式，以便进行地图标注。

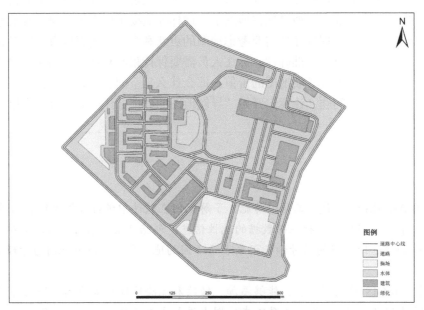

图 2-26　打开 ArcGIS 软件

2. 内容

（1）建筑物标签　使用文本工具，在建筑物的位置添加名称或编号，使其易于识别；选择合适的字体、大小和颜色，确保标签清晰可读。

（2）道路名称　在道路的中心线或适当位置，添加道路名称或编号的文本标签；调整标签的方向，使其与道路走向一致。

（3）图标和符号　使用图标或符号工具，在地图上添加图标以表示特定的地理要素，如入口、出口、停车场等；选择合适的图标样式，与要表示的要素相关联。

（4）导航箭头　如果需要，可以使用线符号工具绘制导航箭头，以指示最佳路径方向。确保箭头方向明确，不会引起歧义。

（5）其他信息　根据需要添加其他信息，如建筑物功能、特殊区域等的标签。

（6）标注样式设置　调整标注的样式（如字体、颜色、大小），以保持一致性和可读性。

（7）保存编辑　在完成标注后，保存编辑工作，退出编辑模式。

（8）制图与导出　利用 ArcGIS 的制图工具，可将地图布局设计成用户友好的样式；可将制作好的导航地图导出为图像、PDF 或 Web 地图服务，以便用户访问。

二、空间参考

导航地图空间参考定义是指将地图数据与现实世界的几何参考框架对应起来，使得地图数据能够与现实世界的真实位置相对应。进行导航地图空间参考定义需要明确地选择几何参考框架和坐标系统，选择合适的参考源，并掌握 ArcGIS 软件中的参考定义工具，才能够使得地图数据的空间位置和几何关系与现实世界相对应。使用 ArcGIS 进行空间参考定义的具体方法和步骤如下。

1. 选择参考数据

在 ArcGIS 软件中，选择一个需要进行空间参考定义的地图层或数据集。

2. 选择坐标系统

进入参考定义工具界面，在坐标系统选项中选择匹配现实世界坐标系的坐标系统。如果已有的地图数据集进行了坐标系定义，可以选择使用该坐标系统。

3. 选择参考源

在参考源选项中选择一个现实世界几何参考框架，如 BDS/GPS、航空摄影或激光雷达测绘等作为参考源。

4. 空间参考定义

ArcGIS 软件中的空间参考定义工具能够将地图数据与参考源进行对应和匹配，在对话框中选择一个匹配的参考源后，可通过手动调整或自动对准的方式将地图数据集的位置对应到现实世界中，从而完成空间参考定义的任务。

5. 保存结果

完成空间参考定义后，需要保存并导出参考定义后的地图数据集，方便后续的应用和分析。

三、地形图配准

导航地图地形图配准定义是指将地形图数据与地图坐标系进行对应和匹配，使得在地图上显示的地形图数据能够在现实世界中具有准确的位置和高程信息。使用 ArcGIS 进行地形图配准定义是一项具有挑战性的任务，需要选择合适的参考层和坐标系统，进行正确的编辑操作，并进行严格的验证和调整，以确保地形图数据能够与现实世界的高程信息相对应。使用 ArcGIS 进行地形图配准定义的具体方法和步骤如下。

（1）准备工作　打开 ArcGIS 软件，选择需要进行地形图配准定义的地形图数据。

（2）加载高程数据　在 ArcGIS 软件中，将需要配准的地形图数据加载到高程数据层中。

（3）选择坐标系统　在高程数据中，选择一个已经定义好空间参考的地图层作为参考层，并选择匹配现实世界坐标系的坐标系统进行配准。

（4）配准定义　在 ArcGIS 软件中，选择地形图配准定义工具，对需要定义的地形图数据进行配准操作。使用该工具，可以通过拖动地形图上的点或手动输入坐标点的方式，将地形图数据与坐标系进行对应和匹配。

（5）验证和调整　在地图上查看和验证高程数据位置和高程信息是否准确，如有误差需要进行调整和修正。

（6）保存结果　当高程配准定义完成后，需要保存编辑结果，并将其导出为标准格式的地图数据，以供后续的使用和分析。

四、道路影像图配准

导航地图道路影像图配准定义是指将道路影像图数据与地图坐标系进行对应和匹配，使得在地图上显示的道路影像图能够在现实世界中具有准确的位置和方位信息。使用 ArcGIS 进行道路影像图配准定义需要选择合适的参考层和坐标系统，进行正确的编辑操作，并进行严格的验证和调整，以确保道路影像图数据能够与现实世界的位置和方位信息相对应，提高地图应用的精度和效果，具体方法和步骤如下。

（1）准备工作　打开 ArcGIS 软件，选择需要进行道路影像图配准定义的地图数据。

（2）加载道路影像图数据　在 ArcGIS 软件中，将需要配准的道路影像图数据加载到地图层中。

（3）选择坐标系统　在影像图数据中，选择一个已经定义好空间参考的地图层作为参考层，并选择匹配现实世界坐标系的坐标系统进行配准。

（4）配准定义　在 ArcGIS 软件中，选择道路影像图配准定义工具，对需要定义的道路影像图数据进行配准操作。使用该工具，可以通过拖动影像图上的点或手动输入坐标点的方式，将道路影像图数据与坐标系进行对应和匹配。

（5）验证和调整　在地图上查看和验证道路影像图位置和方位信息是否准确，如有误差需要进行调整和修正。

（6）保存结果　当道路影像图配准定义完成后，需要保存编辑结果，并将其导出为标准格式的地图数据，以供后续的使用和分析。

知识点 2　图层的创建与编辑

1. 空间数据格式——栅格数据和矢量数据

导航地图中的栅格数据和矢量数据是地图数据的两种类型。栅格数据由像素点组成，每个像素点记录一个点的属性信息，如图像、高程等；而矢量数据则由一个或多个几何图形元素组成，如点、线和面，每个元素都有一定的属性信息，如坐标、颜色和大小等。下面分别介绍一下栅格数据和矢量数据的特点。

（1）栅格数据的特点

1）数据精度较低。由于栅格数据是由像素点组成，像素点的精度会受限于数据的采样精度，因此数据精度相对较低。

2）数据类型简单。栅格数据的记录方式是通过像素的属性表示对象的属性，因此只能表示同一类别的数据，如单一高程值、图像等。

3）数据规模大。栅格数据由若干像素构成，包含大量的冗余信息，因此其数据文件较

大，处理时需要消耗大量的计算资源。

4）数据分析功能强大。栅格数据的空间分析功能强大，可进行可视化分析，如景观分析、地形分析等。

（2）矢量数据的特点

1）数据精度高。矢量数据的精度取决于测量或采集设备的精度，可达到较高的精度。

2）数据类型多样。矢量数据可以表示不同种类的地图对象，如点、线或面，也能够记录各种属性信息，如颜色、大小、标签等。

3）数据规模小。矢量数据是由基础要素组成，文件体积较小，易于存储和传输。

4）数据分析功能相对较弱。矢量数据空间分析功能相对较弱，主要适用于几何要素的空间分析和计算，如路径分析、面积计算等。

导航地图的栅格数据和矢量数据各有优缺点，应根据具体的应用场景和需求进行选择。栅格数据通常用于要求精度较低的场景；对于要求精度较高和数据分析功能强大的场景，通常建议使用矢量数据。

2. 地理数据模型与属性信息

（1）地理数据模型　GIS 中的地理数据可以按照几何模型分为点、线、面等，这些模型反映了现实世界中的地理对象。这些模型在 ArcGIS 中对应着不同的要素类型。

（2）要素类与属性表　要素类是地理数据的集合，可以理解为一个图层。要素类包含几何信息和属性信息，属性信息存储在属性表中，如建筑物名称、类型等。

（3）符号化和标签　符号化是将地理对象以视觉方式表示的过程，可以通过选择不同的符号和颜色来表示不同类型的地理要素。标签是对地图上的要素添加文字说明，帮助用户理解地图。

3. 使用 ArcGIS 进行图层的创建与编辑步骤

（1）数据准备和导入

1）收集和整理地理数据，确保数据格式的一致性。

2）打开 ArcGIS 软件，创建一个新的地图项目或打开现有的项目。

3）在 Catalog 窗口中，导入地理数据，这些数据将成为创建图层的基础。

（2）创建新的编辑图层

1）在内容列表（Table of Contents）窗口中，右键单击图层列表，选择新建→要素图层（New → Feature Layer）。

2）在创建要素图层（Create Feature Layer）对话框中，选择创建新要素图层（Create New Feature Layer）选项。

3）选择要素的几何类型和坐标系。

（3）编辑图层的几何和属性

1）在 Editor 工具栏上，选择开始编辑（Start Editing），选择要编辑的图层。

2）在创建要素（Create Features）工具中，选择要素类型，然后在地图上单击以添加新的要素。

3）使用编辑工具进行几何编辑，如移动、旋转、缩放等。

4）在属性表（Attribute Table）窗口中，编辑要素的属性信息。

（4）符号化和标签设置

1）在内容列表（Table of Contents）中，右键单击图层，选择属性（Properties）。

2）在符号化（Symbology）选项卡中，可以为图层选择合适的符号样式，以区分不同类型的要素。

3）在标签（Labels）选项卡中，可以设置要素的标签显示，如选择标签字段、调整标签样式等。

（5）保存编辑和退出编辑模式

1）在编辑工具栏上，单击保存编辑（Save Edits）以保存修改。

2）单击停止编辑（Editor → Stop Editing）来退出编辑模式。

（6）保存项目和输出地图

1）在主菜单中，选择文件（File）→保存（Save）以保存项目和编辑结果。

2）如果需要输出地图，选择导出地图（File → Export Map），选择输出格式和设置。

3）在执行这些步骤时，理解地理数据模型、要素类的概念以及符号化和标签的原理，可以更有效地创建和编辑地图图层，制作出具有信息价值的导航地图。

学习测验

1.【单选题】在导航地图数据编辑中，"地理要素"是（   ）。

A. 地图上的 3D 建筑模型

B. 地图上的比例尺信息

C. 地球表面的曲面

D. 地图中的对象，如道路、河流、建筑物等

2.【单选题】在地理信息系统（GIS）中，"图层"是（   ）。

A. 地图的颜色和图标

B. 地图上标记的道路网络

C. 地图上显示的 3D 模型

D. 数据的逻辑组织，每个图层代表不同的地理要素

3.【单选题】在导航地图数据标注中，"属性数据"是（   ）。

A. 地图上的比例尺信息

B. 用于描述地理要素特征的数据，如名称、分类等

C. 地图的颜色和图标

D. 用于控制导航设备的数据

4.【单选题】在导航地图数据编辑中，"空间数据编辑"是（   ）。

A. 将地图投影到 3D 模型上

B. 将地图上的符号进行编辑

C. 对地理要素的位置、形状等进行编辑

D. 将地理数据转换为数字信号

5.【单选题】在地理信息系统（GIS）中，"属性数据编辑"是（   ）。

A. 编辑地图的颜色和图标

B. 编辑地图的投影方式

C. 编辑地图上的航空路线

D. 编辑地理要素的属性信息，如名称、分类等

6.【单选题】在导航地图数据标注中，"符号化"是（　　　）。

A. 将地图投影到曲面

B. 在地图上标记道路和建筑物

C. 将地图的颜色和图标进行编辑

D. 将地球表面的曲面投影到平面地图上

7.【单选题】在导航地图数据编辑中，"空间查询"是（　　　）。

A. 查询地图上的 3D 模型

B. 查询特定地理要素的位置和属性

C. 查询导航系统的实时交通数据

D. 查询地图投影的方式

研精致思

通过对导航地图的学习，请大家思考：导航地图数据标注有哪些注意事项？

_____

_____

_____

_____

_____

_____

任务实施

校园道路导航地图标注

【任务要求】

本次分组任务的目标是创建一份详尽、准确的校园道路导航地图，以便师生能够方便快捷地定位和导航。为了高效完成任务，请大家以 5 人 / 组为单位，结合所学知识，查阅相关知识，每个小组负责标注特定区域的道路、建筑和地标信息，通过合作，完成校园道路导航地图报告，并派代表进行成果汇报。

【知识链接】请扫码查看微课视频：道路专题地图制作

【**成果展示**】小贴士：分析报告可以打印出来粘贴到文本框内哦！

 **拓展视野**

数字地图的"智"与"绘"

城市是现代文明与生态的联结，是人与自然友好相处的空间，是运转复杂庞大的系统。

中国的城市，在历经十余年的"智慧城市"建设后已经被赋予了数智融合的全新解读。随着近年来 5G、云计算、人工智能的发展，智慧城市产业的发展，亟待新的使能加速器，随着数字孪生技术的广泛应用，其价值也愈发凸显。

数字孪生，建设智慧城市"加速器"

华为云河图 KooMap（图 2-27）在华为开发者大会 2023（Cloud）举办了智慧城市数字孪生产业研讨闭门会。同时，也是中国地理信息产业协会空间信息云基础设备工作委员会（以下简称"工委会"）委员单位与受邀的多位产学研用行业领袖聚焦智慧城市数字孪生领域深入研讨的契机。

构建万物互联的智能世界

智慧城市数字孪生产业研讨闭门会
华为云河图KooMap

图 2-27　华为云河图 KooMap

云与 AI 赋能数字孪生产业发展，聚力加速智慧城市演进

数字孪生城市是城市走向多变量、多尺度、多概率仿真的高阶形态，数十年来已从一个技术概念，演变成一种新变革力量、新价值主张、新生态系统。

今天的智慧城市，已从"物理与虚拟城市的精准映射"逐步进入到第二个阶段——通过全要素数据融合，实现对城市运行状态的自动、实时、全面透彻的感知。但真正让数字孪生城市能到达普惠服务、虚实共生、迭代优化、共智共创的程度，依旧面临艰巨的挑战，在未来，需要实现智能辅助决策，仿真预测，动态推演的深化场景应用，其中分布式算力、AI 大模型、XR 等技术的深度应用不可或缺。

如何破解数字孪生挑战，形成有效、有力的发展路径，已经在今天愈发清晰。

项目三
高精地图制作

🏠 项目任务

　　智能驾驶与智能交通是国家交通强国战略的重要方向，规模化、产业化的高精地图是智能驾驶与智能交通的重要数字基础。当前，对于 L3 级别及以上的自动驾驶系统来说，高精度地图是其重要支撑技术。通过本项目的学习和实践，应能认识高精地图，并能使用相关设备和软件完成校园高精地图的制作。

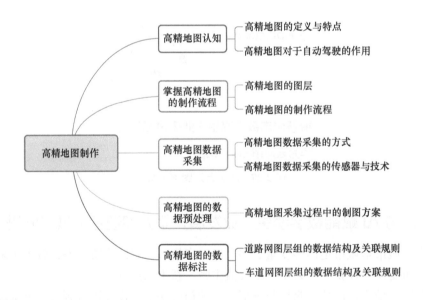

🏠 项目目标

【知识目标】

1. 掌握高精地图的定义和特点。

2. 了解高精地图对于自动驾驶的作用。

3. 掌握高精地图的制作流程。

4. 掌握高精地图数据采集的方式。

5. 掌握高精地图数据处理的方法与注意事项。

【能力目标】

1. 能使用高精地图相关采集设备进行道路数据采集。

2. 能使用高精地图预处理软件对道路原始数据进行预处理。

3. 根据高精地图数据软件的使用方法完成车道分界线、车道中心线、道路中心线的制作。

【素养目标】

1. 具有良好的团队合作意识，能分工合作完成工作任务。

2. 具有良好的沟通能力，能有效地进行工作沟通。

3. 具有良好信息检索的能力，接受新知识与新技能。

4. 具有良好的职业素养，能严格按要求进行作业。

任务 3.1　高精地图认知

🏠 任务导入

如图 3-1 所示，2016 年 5 月 7 日在美国佛罗里达州高速公路上，一辆开启了自动驾驶模式的特斯拉 Model S，在经过一个 T 形路口时，与一辆垂直方向开来的拖车发生相撞，导致驾驶人死亡。调查显示，在强烈日照下，驾驶人和传感器都没有发现前面出现一辆拐弯的拖车，从而导致车辆直接相撞。

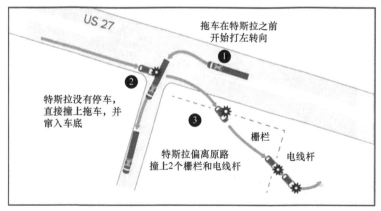

图 3-1　美国佛罗里达州高速公路车祸分析图

由此可见，车载传感器探测范围有性能边界限制，遇到探测死角其感知性能会下降甚至失效。虽然作为"眼睛、耳朵"的传感器遍布自动驾驶车辆全身，却无法改变无人驾驶汽车"不认路"的事实。假如在自动驾驶汽车上装载一张辅助的导航地图，是否可以避免这类事故呢？那什么是高精地图呢？高精地图对于自动驾驶具有哪些作用呢？带上这些问题，让我们开始"高精地图认知"的学习之旅吧。

 任务目标

【知识目标】

1. 掌握高精地图的定义和特点。
2. 掌握高精地图的作用。

【能力目标】

能描述高精地图与导航地图的区别。

【素养目标】

1. 培养学生的信息检索能力。
2. 培养学生运用辩证思维去分析问题。
3. 培养学生求知探索的精神。

理论学习

知识点 1　高精地图的定义与特点

1. 高精地图的定义

高精地图是高精度电子地图的简称，也称为高分辨率地图（High Definition Map，HD Map），是指绝对精度和相对精度均在 1m 以内的高精度、高新鲜度、高丰富度的电子地图，是面向自动驾驶汽车的一种新的地图数据范式，如图 3-2 所示。

图 3-2　高精地图

2. 高精地图的特点

高精地图具有高精度、高动态、多维度的特点，即"两高一多"。

（1）高精度　高精地图绝对位置精度接近 1m，相对位置精度在厘米级别，能够达到

10~20cm。

（2）高动态　为了应对各类突发状况，自动驾驶车辆需要高精地图的数据具有较好的实时性。高精地图各图层更新频率如图3-3所示。

实时信息（秒/毫秒更新）

动态交通信息（分钟更新）

准静态地图（日更新）

静态图层（季度、月度更新）

图3-3　高精地图各图层更新频率

（3）多维度　地图中不仅包含有详细的车道模型、道路部件信息，还包含与交通安全相关的一些道路属性信息，如GPS信号消失的区域、道路施工状态等。

知识点2　高精地图对于自动驾驶的作用

作为自动驾驶车辆的"长周期记忆"，高精地图对自动驾驶汽车的作用，具体表现在以下几个方面。

1. 环境感知辅助

（1）扩大自动驾驶车辆的感知范围

1）超视距感知：自动驾驶车辆的传感器用于探测感知存在的性能边界限制，高精地图可延伸传感器的感知范围，提前告知车辆前方的道路信息及交通状况信息，如图3-4所示。

80~100m　　　　　　　　200m

高精地图

图3-4　高精地图延伸传感器感知范围

2）弥补车载传感器在特殊情况下的感知缺陷：在复杂的路况或恶劣天气条件下，车载传感器有时会出现探测死角以及感知性能下降甚至失效等情况，高精地图可及时进行环境信息补充、实时状况监测及外部信息反馈。例如激光雷达在大雾、大雨、尘土多等恶劣天气下效果较差；高分辨率摄像头在视场角窄的情况下可以检测到很远的距离，但面对暴雨或大雪等恶劣天气，很难检测到正确的车道线、障碍物、路肩等信息；道路交通标志模糊，使得摄像头无法读取信息；前方大车遮挡导致摄像头无法探测前方红绿灯的情况。

（2）为车辆的自动驾驶提供道路先验信息　车载传感器相当于自动驾驶车辆的"眼睛"，高精地图则相当于自动驾驶车辆的"长周期记忆"，为自动驾驶车辆提前预知前方的道路、交通、基础设施等信息。车载传感器可缩小检测范围而专注于检测感兴趣区域（ROI），既提高了车载传感器的检测精度和速度，又节约了其计算资源。

（3）提供冗余数据　当某些传感器数据缺失时，可以利用高精地图数据进行推算，当同一个数据有多个车载传感器数据来源时，高精度地图可以用于相互校验，校验其他传感器的可信度，提高整个系统的准确度。

2. 高精度定位辅助

高精地图对路网有精确的三维表征（如路面的几何结构、道路标示线的位置、周边道路环境的点云模型等），并存储为结构化数据；这些结构化数据都有地理编码，自动驾驶系统通过车载 GPS/IMU、Lidar 或摄像头获得的环境信息与高精地图上的信息做对比分析，便可得到车辆在地图上的精确位置。

3. 路径规划与决策

高精地图提供先验信息给自动驾驶系统，以便其做出合理的行为规划决策，如前方具有低速限制、人行横道或道路施工区域，高精地图能让车辆提前预知，并预先减速。

【知识链接】请扫码查看微课视频：高精地图的认知

学习测验

1.【单选题】高精地图的英文缩写为（　　　　）。

A. HA Map　　　　　B. SA Map　　　　　C. HD Map　　　　　D. SD Map

2.【单选题】以下哪一项不是高精地图的特点？（　　　　）

A. 高精度　　　　　B. 低成本　　　　　C. 高动态　　　　　D. 多维度

3.【单选题】高精地图数据的定位精度可以达到（　　　　）。

A. 1m 以内　　　　　B. 10m 以内　　　　　C. 100m 以内　　　　　D. 1000m 以内

4.【多选题】高精地图对于自动驾驶具有哪些作用？（　　　　）

A. 环境感知辅助　　　B. 路径规划　　　　　C. 决策辅助　　　　　D. 高精度定位

5.【判断题】高精地图的服务对象是人类驾驶人。（　　　）

研精致思

通过对高精地图认知的学习，请大家思考：高精地图与常用的导航地图有哪些区别呢？

类　型	普通导航地图	高精地图
示意图	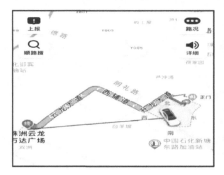	
使用对象		
数据精度		
数据实时性		
数据维度		
作用 & 功能		

任务实施

高精地图发展现状与趋势探讨

【任务要求】

高精地图为自动驾驶车辆提供可视化的交互信息，让车辆提前了解前方路况，做出更好的规控。那么目前有哪些企业生产高精地图呢？高精地图行业的发展现状如何呢？未来发展趋势怎么样呢？请大家以 5 人 / 组为单位，结合所学知识，查阅相关资料，完成高精地图发展现状与趋势分析报告，并派代表进行成果汇报。

【知识链接】请扫码查看微课视频：高精地图现状和发展趋势

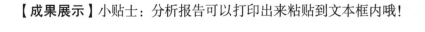

【**成果展示**】小贴士：分析报告可以打印出来粘贴到文本框内哦！

任务 3.2　掌握高精地图的制作流程

任务导入

与传统地图不同，高精地图的绝对坐标精度能达到亚米级，包含的信息也非常丰富，能准确描绘出道路形状，车道线位置、类型、宽度，交通信号灯、交通标志、路边地标等信息。那高精地图的制作流程是怎样的呢？带上这些问题，让我们开始"高精地图制作流程"的学习之旅吧。

任务目标

【知识目标】
1. 掌握高精地图的数据图层。
2. 掌握高精地图制作流程。
【能力目标】
能设计校园高精地图制作方案。
【素养目标】
1. 培养学生运用辩证思维去分析问题的能力。
2. 培养学生求知探索的精神。

理论学习

知识点 1　高精地图的图层

电子地图对实际空间的表达是通过不同图层进行描述，然后将图层叠加的过程。在一张电子地图里，道路、建筑物、边界等会分别位于不同图层，每一个图层可以理解为一张透明薄膜，多图层被绘制叠加后才能真正为之所用。

高精地图需要存储和呈现车辆环境数据和交通运行数据，这些数据有动态的，也有静态的，其中车辆环境数据是反映车辆周边环境的相关数据，包括道路、桥梁、隧道、交叉路口、车道线和道路沿线等道路基础设施的识别数据，以及车辆、行人、道路障碍物等道路目标物的识别数据。交通运行数据包括交通标志、交通控制、交通状况、道路性能和道路气象等数据。

如果这些数据只通过一张图层来表达，既增加了制作的难度，也不利于使用，因此，需要将高精地图进行标准化分层，每一层体现一种环境要素或者交通要素，所有图层叠加后形成可用的高精地图。

针对高精地图模型分层，欧洲将高精地图图层分为静态、准静态、准动态和动态 4 层，中国则提出了将高精地图分为道路层、交通信息层、道路 - 车道连接层、车道层、地图特征层、动态感知层、决策支持层 7 层的分类方法，如图 3-5 所示。

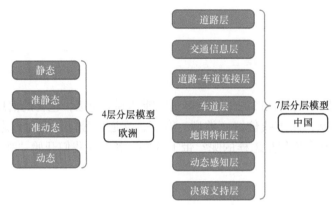

图 3-5　高精地图模型分层

本书主要从逻辑理解角度来介绍业界比较认可的分层逻辑，高精地图自下而上可以分成静态数据层和动态数据层两大图层。

1. 静态数据层

静态数据层对道路进行了车道级的精细刻画，相比传统的导航电子地图，增加了道路附属设施、车位等辅助设施的描述。它是高精地图数据的基础，构成了高精地图内容的骨架，是当前制图的重点。静态数据层又可细分为道路网、车道网、道路附属物等，静态数据层的构成如图 3-6 所示。

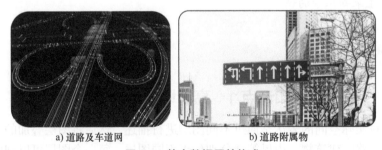

a) 道路及车道网　　　　　　　　　b) 道路附属物

图 3-6　静态数据层的构成

（1）道路网　以传统二维导航电子地图中基础道路数据为基础，添加三维信息等用于更精确地描述高精度道路的几何形态和关系。不仅需要记录不同道路及路口的关系，还需描述道路与车道、道路与附属物的关系。道路网的构成要素主要包括道路基准线、基准线连接点、路口等。

（2）车道网　车道网用于精确描述车道的几何位置信息和相互关系，其构成要素主要包括车道基准线、车道连接点等。

（3）道路附属物　道路附属物主要指用于辅助安全智能驾驶的各类实际地物设施，可分为路面标线类和道路设施类，其中路面标线主要包括路面纵向标线、路面横向标线、停车位标线等，道路设施包括信号灯、路灯、各类交通标牌等。

2. 动态数据层

依靠静态高精地图数据还不能实现车辆完全自动驾驶，因为静态数据层缺乏对真实场景的描述。由于自动驾驶车辆搭载的传感器主动获取的信息种类相对有限，在复杂环境行驶时可能导致视野盲区出现，车辆需要依赖其他方式获取场景信息。因此，有必要引入动态地图数据，扩展传感器的视野，保证自动驾驶的安全性、平稳性和舒适性。

动态数据层与实时道路环境密切相关，其数据内容相对复杂，根据获取途径可分为主动感知数据和车联网接入数据。

（1）主动感知数据　主动感知数据主要是指 GNSS、IMU、雷达和摄像头等传感器设备采集的车辆自身定位及周边道路环境的数据。

（2）车联网接入数据　车联网接入数据主要是指车辆通过车联网接入的与实时路况相关的信息，用于弥补感知数据内容和形式上的缺陷。接入数据包括附近其他运动物体的状态和轨迹，用于辅助局部行驶决策；还包括行驶路线上的交通限制与流量信息，用于辅助全局导航规划。根据数据内容，车联网接入数据可分为交通运行数据、交通管理数据及高动态数据。

1）交通运行数据。交通运行数据主要包含路口红绿灯实时状态、道路拥堵情况、通行区域天气情况、前方可用充电站、停车场的实时状态等。通过 V2X 技术，车载终端 OBU 从路侧基础设施单元 RSU 或交管部门大数据云平台实时获取。

2）交通管理数据。交通管理数据包含由于道路施工、交通事故、交通拥堵而产生的临时交通标志和交通管制数据，车辆一方面可以通过 V2I/V2N 技术实时获得交通管控数据，一方面通过自身感知设备将遇到的临时交通管控数据上报图商大数据平台，图商基于此进行交通管理数据的动态更新。

3）高动态数据。高动态数据主要包含移动物体数据、车辆行驶状态、车辆操作数据。移动物体数据包含行驶路线上物体的位置，包括车辆、行人、三轮车、电动自行车等；车辆行驶状态包括速度、方向等；车辆操作数据包括起动、加速、减速、转弯、换档等。基于V2V 技术，车辆之间可以实时完成高动态数据的交互。

【知识链接】请扫码查看微课视频：高精地图的内容

知识点 2　高精地图的制作流程

根据当前百度、四维图新等图商制作高精地图的过程，高精地图的制作流程包括数据采集、数据处理、元素识别、人工验证、地图发布五个环节，如图 3-7 所示。

1. 数据采集

数据采集是使用采集设备对外部环境、道路的数据进行采集。当前主流图商主要采用先进的高精地图采集车来采集道路数据，高精地图采集车如图 3-8 所示。

图 3-7　高精地图的制作流程

图 3-8　高精地图采集车

　　高精地图采集车是由多种先进测量传感器精密集成的移动采集系统，一般会包含激光雷达、惯性测量单元、摄像头等设备，根据采集场景不同搭载不同型号的传感器设备。如百度高精地图采集车采取的是激光雷达和摄像头二者相结合的制图方案，采集车装有平装的 64 线激光雷达、16 线激光雷达、GPS、IMU、长焦摄像头以及短焦摄像头等，其中 64 线激光雷达主要用于道路路面采集，由于平装使其扫描高度比较低，因此还需要一个斜向上装的 16 线激光雷达，用于检测较高处的红绿灯、标牌等信息，百度高精地图采集车传感器如图 3-9 所示。

2. 数据处理

　　数据处理是指对采集到的原始数据进行整理、分类和清洗以获得没有任何语义信息或注释的初始地图模版的过程。传感器采集到的原始数据主要有点云和图像两大类，由于自动驾驶汽车对地图的精度要求非常高，因此在制图过程中以点云为主。

　　（1）点云拼接　由于激光雷达的扫描范围有限，在数据处理中需要逐帧把激光雷达的数据拼接起来，来获取整个道路的模型，这个过程被称为点云拼接，点云拼接的过程如图 3-10 所示。

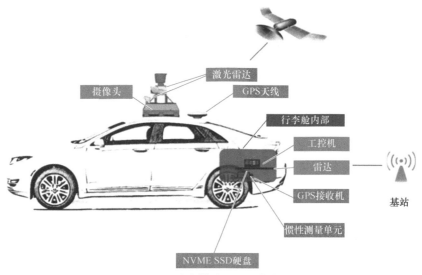

图 3-9 百度高精地图采集车传感器

a) 单帧点云   b) 融合点云   c) 俯视图

图 3-10 点云拼接过程

（2）底图生产 点云拼接后，可将其压缩成可做标注、高度精确的地图，可基于反射地图来绘制高清地图，采集到点云数据处理后的底图如图3-11所示。

3. 元素识别

点云图像处理后得到一个高精度图像，基于图像进行深度学习可以精准提炼出道路相关元素，并对其进行分类。通过点云分类结果和点云的强度值自动跟踪提取车道标线、路面标志、交通标志、护栏、路牙、杆状物、上方障碍物等路面、路侧、路上的交通设施和对自动驾驶有影响的附着物，不同道路元素的识别

图 3-11 点云数据处理后的底图

如图3-12所示。通过元素识别可得出准确的车道线级别的道路形状特征，除此以外还需要提炼道路的虚实线、黄白线、路牌标志等，来完善道路特征。

数据处理和元素识别这两个环节需要将不同传感器的采集数据进行融合叠加，并进行道路标线、路沿、路牌、交通标志等道路元素的识别，对于一些冗余数据在这两个环节中也会进行自动整合和删除。由于数据处理和识别过程非常烦琐，为了保证处理效率和准确性，主要依靠程序来自动化完成，这对程序算法能力的要求非常高。

a) 杆状物&红绿灯

b) 动态地物

c) 车道信息

图 3-12　不同道路元素的识别

4. 人工验证

虽然自动化程序能提高高精地图的制作效率，准确性较高，但仍存在信息补齐和逻辑关联的缺陷。首先，自动化无法处理没有车道线的道路，此时需要离线并用人工手段补齐相关信息；其次，涉及逻辑信息的处理时，自动化程序目前无法判断，如在某一路口遇到红绿灯时，应该识别哪个交通信号灯，也需要人工手段关联停止线与红绿灯。

由于自动化处理无法做到百分之百准确，还需要进行人工验证。人工验证的环节就是人工纠错排查，包括识别车道线是否正确，对信号灯、标志牌进行逻辑处理，路口虚拟道路逻辑线的生成等。验证人员需要从云端下载需要验证的路段数据，然后把自动处理之后的高精度地图数据和对应位置的图像信息做比对，找出错误的地方并进行更正。经过一系列完整的自动化处理过程后，为了确保程序处理的有效性，还会由专业的技术团队进行人工抽样检测，并进行最后一步确认和完善，从而发现出自动化处理过程中出现的错误，及时弥补数据的缺陷，提高精准度，人工验证环节如图 3-13 所示。

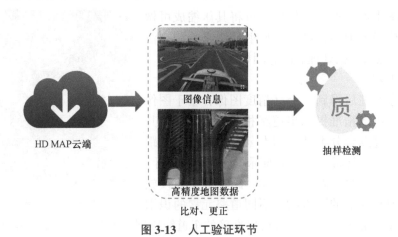

HD MAP云端　　　图像信息　　　抽样检测

质

高精度地图数据

比对、更正

图 3-13　人工验证环节

5. 地图发布

通过融合底图数据、图像数据、点云数据，整合生成高精地图数据，将可形成一份相对完整精确的高精地图数据。验证无误的地图，需要进行转换编译生成矢量母库，完成生产环节。由于高精地图体量非常大，超过 GB 级的存储量很难通过传统物理存储来承载，且高精地图对数据更新的实时性要求很高，因此高精地图需要通过云平台来实现发布与更新。

【知识链接】请扫码查看微课视频：高精地图的制作流程

学习测验

1.【单选题】道路基础设施数据属于高精地图数据中的（　　　　）。

A. 静态数据　　　　　　　　　　　B. 准静态数据

C. 准动态数据　　　　　　　　　　D. 高度动态数据

2.【单选题】交通信号灯相位和配时属于高精地图数据中的（　　　　）。

A. 静态数据　　　　　　　　　　　B. 准静态数据

C. 准动态数据　　　　　　　　　　D. 动态数据

3.【单选题】高精地图的制作流程中，第一步是什么？（　　　　）

A. 数据采集　　　　　　　　　　　B. 数据处理

C. 地图制作　　　　　　　　　　　D. 质量检查

4.【多选题】高精地图中的道路数据主要包括哪些信息？（　　　　）

A. 道路名称　　　　B. 道路等级　　　　C. 道路宽度　　　　D. 道路拓扑关系

5.【判断题】企业采集、制作精度达厘米级的车道级高精地图和地下停车高精地图只要持有乙级测绘资质即可。（　　　　）

研精致思

智能驾驶与智能交通是国家交通强国战略的重要方向，规模化、产业化的高精地图是智能驾驶与智能交通的重要数字基础设施。请大家查阅相关资料回答：目前有哪些图商生产高精地图呢？各图商在高精地图的领域有哪些进展呢？

_____

_____

_____

_____

_____

_____

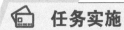

任务实施

校园道路高精地图制作方案设计

【任务要求】

高精地图能协助自动驾驶车辆实现准确定位、环境感知和路线规划等基础功能。此次任务需要为自动驾驶小车设计一款校园道路高精地图。请大家结合高精地图的特点与制作流程，以小组形式选择校园道路完成高精地图制作方案的设计，并派代表进行成果汇报。

【任务步骤】

1）以小组形式对校园道路进行实地调查，并绘制道路的简易地图。

2）各小组根据校园道路调查结果，设计校园道路高精地图制作方案。

3）方案中需要包含校园道路高精地图的制作流程、使用的设备、成员分工等。

4）小组派代表展示成果。

【成果展示】小贴士：方案设计可以打印出来粘贴到文本框内哦！

任务 3.3　高精地图数据采集

任务导入

数据采集是高精地图生产的基础和关键环节。高精地图具有厘米级别的精度，需要使用哪些设备来采集呢？高精地图要保证较高的鲜度，需要使用哪些采集方式呢？带上这些问题，让我们开始"高精地图数据采集"的学习之旅吧。

任务目标

【知识目标】

1. 掌握高精地图数据采集的方式。
2. 掌握高精地图数据采集设备的组成及原理。

【能力目标】

1. 会分析高精地图两种采集方式的优缺点。
2. 能使用采集设备进行道路数据采集。

【素养目标】

1. 培养学生运用辩证思维去分析问题。
2. 能严格按照采集设备的使用要求进行数据采集，让学生养成较好的规范意识。

理论学习

知识点 1　高精地图数据采集的方式

数据采集是使用采集设备对外部环境、道路的数据进行采集。目前，高精地图数据采集主要分为专业采集与众包采集两种方式。

1. 专业采集

专业采集是使用专业采集设备和采集方式进行高精地图的数据采集。百度、高德、四维图新等主流图商均采用高精地图采集车的方式进行数据采集。为了保证数据的质量和精度，高精地图采集车需要搭载 GPS、IMU、RTK、激光雷达、全景相机等多种传感器设备，根据采集场景不同搭载不同型号的传感器设备。专业采集的优势与劣势见表 3-1。

表 3-1 专业采集的优势与劣势

优 势	劣 势
1）精度高：通过专业的采集设备与成熟的制图工艺流程相配合制作出的地图可达到厘米级精度，能够满足不同等级自动驾驶技术对高精度地图的精度要求 2）适应性强：不同场景、不同等级的自动驾驶技术方案各有不同，矿山、园区等场景在地图测绘时会采用不同的方案，主要体现在采集车搭配不同的传感器，以满足定制化的需求 3）技术成熟：专业采集技术经过多年的技术积累，形成了相对成熟的流程，在质量控制方面具有较成熟的经验，可以很好地满足高精地图制作需求	1）成本高：采集车搭载了激光雷达等昂贵设备，一台采集车成本高达上百万 2）数据量大：由于采集的地图要素多且精细，对存储容量和传输宽带要求极高，正因此，高精地图的制作主要以项目 / 区域为主 3）专业人员需求：外业采集人员需要具备极强的专业知识和实践经验，在后续制图过程中也需要大量内业人员处理 4）鲜度维系不易：专业采集受制于采集车的使用频率与地图的制作工艺，数据鲜度的维持变得愈发重要且不易

2. 众包采集

众包采集是把地图更新的任务交给道路上行驶的大量非专业采集车辆，利用车载传感器实时监测环境变化，并与高精地图进行比对。当发现道路变化时，将数据上传至云平台，再下发更新给其他车辆，从而实现地图数据的快速更新。

众包采集大多是基于视觉算法形成地图，利用摄像头采集视频数据，经过深度学习算法或图像识别，让机器有更强大的识别能力，从而提高了数据处理的能力。众包采集是通过大量数据共享、挖掘、分析和融合来弥补单个数据质量精度低的问题，提升地图精度和可信度，因此非常依赖于算法。众包采集的优势与劣势见表 3-2。

表 3-2 众包采集的优势与劣势

优 势	劣 势
1）相对成本较低：与专业采集使用的激光雷达测量车相比，成本较低，普通车辆经过简易改造即可执行任务 2）数据来源非常丰富、实时性好：大量非专业采集车辆在行驶中可即时获取道路状况变化，可及时完成路况数据快速检阅与更新的问题 3）实现实时更新的低成本和可量产化的方案	1）传感器数据来源和标准不一：由于不同众包采集方案使用的传感器不一样，导致数据来源、精度、格式标准不统一，各种传感器采集的数据在融合时存在一定难度 2）精度不够：众包方案产生的数据大多是视频数据，精度较低 3）技术门槛高：众包制图整个过程涉及计算机视觉技术、AI 技术、数据融合技术等目前业界的一些尖端技术，有些技术目前相对还不成熟

知识点 2 高精地图数据采集的传感器与技术

为了保证数据的质量和精度，高精地图采集车需要搭载 GNSS、IMU、RTK、激光雷达、全景摄像头等多种传感器设备，如图 3-14 所示。其中 GNSS、RTK、IMU、轮速传感器主要实现采集车的精准定位，全景摄像头和激光雷达主要采集道路数据。

1. 全球导航卫星系统（GNSS）

全球导航卫星系统（Global Navigation Satellite System，GNSS）又称全球卫星导航系统，是一种能在地球表面或近地空间的任何地点，为用户提供全天候的三维坐标、速度以及时间信息的空基无线电导航定位系统。中国的北斗、美国 GPS、俄罗斯 GLONASS 和欧盟的伽利略是联合国卫星导航委员会认定的全球导航卫星系统四大核心供应商，如图 3-15 所示。

图 3-14　高精地图数据采集所用传感器

图 3-15　全球导航卫星系统四大核心供应商

（1）GNSS 组成　GNSS 主要由空间卫星星座、地面控制站和接收机三部分组成，如图 3-16 所示。其中，空间卫星星座是指运行在太空不同轨道上的卫星，按照一定的规则分布覆盖地球。地面控制站控制整个系统和时间，负责轨道监测和预报；接收机通过对卫星载波信号的接收、处理和解算，从而实现定位、导航和授时的功能。

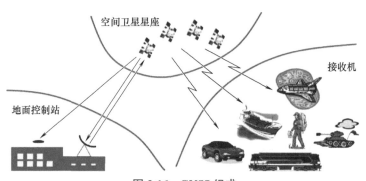

图 3-16　GNSS 组成

（2）卫星导航定位原理　卫星导航通过跟踪卫星的轨道位置和系统时间，对卫星与用户接收机之间的距离进行测量。围绕地球运转的人造卫星信号编码中载有准确的发射时间及不同的时间卫星在空间的准确位置，用户接收机在收到卫星发出的无线电信号之后，如果接收机有与卫星导航系统时间准确同步的时钟，可通过测出信号到达的时间，计算出信号在空间的传播时间，再用传播时间乘以信号在空中的传播速度，就能求出卫星与用户接收机之间的距离。卫星导航的系统时间是由每颗卫星上的原子钟保持的，可精确到世界协调时（UTC）

的几纳秒以内，但用户接收机不可能有与卫星系统时间准确同步的时钟，因此以接收机时钟为基准测出的卫星信号的传播时间是不准确的，测出距离卫星的位置信息也不准确。基于卫星信号的发射时间与到达接收机的时间之差，称为伪距。为了计算用户的三维位置和接收机时钟的偏差，伪距测量要求至少要接收到来自四颗卫星的信号，计算出 GPS 接收设备与每颗卫星之间的距离，然后用这些信息使用三维空间的三边测量法推算出接收机的位置，卫星导航定位原理如图 3-17 所示。

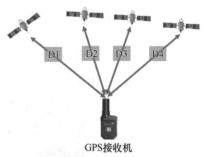

图 3-17　卫星导航定位原理

由于卫星运行轨道、卫星时钟存在误差，大气对流层、电离层对信号的影响，使得民用 GNSS 的定位精度只有数十米量级。在空旷的地方，GNSS 的定位精度较高。在城市道路环境中，高楼的遮挡极易导致自动驾驶汽车所能接收到的 GNSS 信号发生偏移，定位误差高达几十米。为提高定位精度，普遍采用差分 GPS（DGPS）技术。

（3）载波相位差分技术（Real-time kinematic，RTK）　载波相位差分技术是能够实时得到厘米级定位精度的测量方法，它能实时提供观测点的三维坐标，并达到厘米级的高精度。与伪距差分原理相同，由基准站通过数据链实时将其载波观测量及站坐标信息一同传送给用户站，用户站接收 GPS 卫星的载波相位与来自基准站的载波相位，并组成相位差分观测值进行实时处理，能实时给出厘米级的定位结果，载波相位差分技术原理如图 3-18 所示。

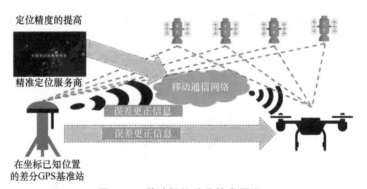

图 3-18　载波相位差分技术原理

2. 惯性测量单元（IMU）

惯性测量单元（Inertial Measurement Unit，IMU）是主要用来检测和测量加速度与旋转运动的传感器，如图 3-19 所示。IMU 一般使用六轴运动处理组件，包含了三轴加速度传感器和三轴陀螺仪。加速度传感器检测载体在坐标系统中独立三轴的加速度信号，而陀螺仪检测载体相对于坐标系的角速度信号，对这些信号进行处理之后，便可解算出载体的姿态。

IMU 及惯性推算算法提供的是一个相对的原始定位信息，其作用是测量相对于起点所运动的路线，它

图 3-19　惯性测量单元

并不能提供载体所在具体位置的信息，因此常常和 GNSS 一起使用，当在某些 GNSS 信号微弱甚至缺失的地方时，IMU 就可以发挥其作用，让载体持续获得绝对位置姿态信息。

IMU 的更新频率较高，一般可达几百至 1kHz。使用三个加速度值，通过两次积分可获得位移，以此实现位置定位，有角速度值积分可以获取姿态信息，结合在一起可获得载体的实际状态。

3. 轮速传感器

轮速传感器用来测量汽车车轮转速的传感器。通过在汽车前轮安装轮速传感器，分别记录左轮与右轮的总转数，从而推算出车辆的行驶距离。由于不同地面材质上转数对距离转换存在一定的偏差，导致测量偏差会随着时间推进越来越大。

4. SLAM 技术

即时定位与地图构建（Simultaneous Localization and Mapping，SLAM）技术要求自动驾驶车辆在一个未知的环境中在不知道自己位置的先验信息的情况下，增量式地构建具有全局一致性的地图，同时确定自身在这个地图中的位置。SLAM 技术主要应用于机器人、无人机、无人驾驶、AR、VR 等领域。

由于 GNSS、IMU、轮速传感器等各类传感器都存在一定缺陷，无法通过单一的传感器采集得到精确的数据，因此需要综合运用各类传感器。首先通过 GNSS、IMU、轮速传感器测得的数据进行融合，通过 SLAM 算法，对采集车的位姿（Pose）进行矫正，才能得到一个相对精确的位置信息。

SLAM 工作流程：

1）感知：通过传感器获取周围的环境信息。

2）定位：通过传感器获取的当前和历史信息，推测出自身的位置和姿态。

3）建图：根据自身的位姿以及传感器获取的信息，描绘出自身所处环境的样貌。

【知识链接】请扫码查看微课视频：高精地图的数据采集

学习测验

1.【单选题】GNSS 需要至少（　　　）颗卫星来确定 GNSS 接收设备的三维位置信息。

A. 3　　　　　　　　B. 4　　　　　　　　C. 5　　　　　　　　D. 6

2.【单选题】惯性测量单元的缩写是（　　　）。

A. INU　　　　　　　B. IMU　　　　　　　C. IMM　　　　　　　D. INM

3.【单选题】SLAM 技术主要应用于（　　　）领域。

A. 机器人　　　　　　B. 无人驾驶　　　　　C. 无人机　　　　　　D. AR

4.【多选题】高精地图采集车需要搭载（　　　）。

A. GNSS　　　　　　B. IMU　　　　　　C. 轮速传感器　　　　D. 激光雷达

5.【判断题】载波相位差分技术是能够实时得到厘米级定位精度的测量方法。（　　　）

研精致思

　　高精地图的制作需要测绘、采集大量的数据作为高精地图制作的基础。而这些地理数据涉及国家机密等国家安全问题，因此，高精地图数据需严格按照涉密测绘成果进行管理。请大家查阅相关资料回答：企业制作高精地图需要具备哪些条件呢？高精地图在制作好、发布商用之前，又需要经过哪些流程呢？

_____

_____

_____

_____

_____

_____

任务实施

道路高精地图数据采集

【任务要求】

　　高精地图数据采集需要有基于激光雷达和基于摄像头融合激光雷达两种方案，其中激光雷达采集的信息非常精确，摄像头能获取丰富的图像信息。此次任务以小组形式使用三维激光扫描移动测量系统（GoSLAM）和摄像头完成对校园道路的高精地图数据采集，并派代表进行成果汇报。

【任务步骤】

　　使用GoSLAM采集道路数据的步骤如下。

　　（1）认识GoSLAM　GoSLAM是一种高精度的三维激光扫描仪，能够进行快速而准确的地形测量和建模。采用了先进的激光测量技术，可以测量地形的高度、坡度、倾向以及物体的轮廓和形状。同时，该设备还具备高速扫描、高精度测量、大范围覆盖、自动展开等多种功能，GoSLAM RS100设备如图3-20所示。

　　（2）安装手持GoSLAM采集设备

　　（3）启动设备　主显示屏开启系统页面并进行自动初始化。同时，设备状态显示屏提示设备处于【初始化中】，设备自动初始化完成即刻进入设备就绪状态，设备状态显示屏提示【设备就绪】。

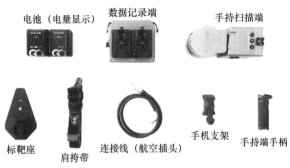

图 3-20 GoSLAM RS100 设备组成

（4）开始扫描 设备自动完成以上流程后进入设备就绪状态，准备扫描时先水平握持设备，维持设备基本水平，此时长按设备启动按钮。当设备状态显示屏提示【启动中】，即可松开按钮准备扫描，完成上述流程后随即进入扫描状态。同时，设备状态显示屏提示【开始扫描】。设备开始扫描，扫描过程中设备状态显示屏提示【开始扫描】，同时工作流程计时持续显示。

（5）扫描完成回环效果 完成扫描回归原点，路径自动回环校正，提高数据精度。黄线为自动回环数据校正线。当环境不允许时，也可不必走回原点形成回环。

【成果展示】小贴士：采集到的数据成果可以打印出来粘贴到文本框内哦！

任务 3.4　高精地图的数据预处理

任务导入

数据采集时采集到的地图数据为原始数据，这些数据想要成为地图，还需经过整理、分类与清洗等专业处理过程。在数据预处理过程中，需要把原始数据生成点云地图数据。那采集到的高精地图数据是如何变成点云地图数据的呢？带上这些问题，让我们开始"高精地图的数据预处理"的学习之旅吧。

任务目标

【知识目标】

1. 掌握高精地图的制图方案与技术。

2. 掌握高精地图数据预处理的流程与方法。

【能力目标】

能使用 GoSLAM 预处理软件对道路原始数据进行预处理。

【素养目标】

1. 培养学生的求知探索精神。

2. 能严格按照 GoSLAM 预处理软件的使用要求进行数据预处理，让学生养成较好的规范意识。

理论学习

知识点　高精地图采集过程中的制图方案

目前，主流图商制作高精地图的方案主要有基于激光雷达和基于摄像头融合激光雷达两种方案。

1. 基于激光雷达的制图方案

激光雷达（Light Detection and Ranging，LiDAR）是激光探测及测距系统的简称，其两个主要基本功能是测距和探测，如图 3-21 所示。激光雷达首先通过向目标物体发出一束激光，然后根据接收—反射的时间间隔确定目标物体的实际距离。根据距离及激光发射的角度，通过简单的几何变换可以计算出物体的位置信息。汽车周围环境的结构化存储通过环境点云实现。

在激光测量中，LiDAR 中的每个激光器发射激光束，经物体反射后得到一个点云（包含距离、反射强度等信息），所有激光反射点的集合即为点云，激光点云如图 3-22 所示。

图 3-21　激光雷达

图 3-22　激光点云

激光雷达可分为 2D 激光雷达和 3D 激光雷达，它们由激光雷达光束的数量定义。

1）2D 激光雷达。2D 激光雷达也就是单线激光雷达，主要用于规避障碍物，其扫描速度快、分辨率强、可靠性高。由于单线激光雷达比多线和 3D 激光雷达在角频率和灵敏度反映更加快捷，所以，在测试周围障碍物的距离和精度上都更加精确。但是单线雷达只能平面式扫描，不能测量物体高度，有一定局限性。

2）3D 激光雷达。3D 激光雷达即多线激光雷达，主要应用于汽车的雷达成像，相比单线激光雷达在维度提升和场景还原上有了质的改变，可以识别物体的高度信息。目前，在国际市场上推出的主要有 4 线、8 线、16 线、32 线和 64 线。

基于激光雷达的制图方案通过 GPS、IMU 和轮速传感器的数据融合，再运用 Slam 算法，对 Pose 进行矫正，最终才能得出一个相对精确的 Pose，最后把空间信息通过激光雷达扫描出三维点，转换成一个连续的三维结构，从而实现整个空间结构的三维重建。

2. 基于激光雷达与摄像头融合的制图方案

虽然激光雷达采集的信息非常精确，但它采集的信息非常少，无法提供像图像那样丰富的语义信息、颜色信息。因此，目前主流高精地图生产商采用的是激光雷达与摄像头融合的制图方案。通过摄像头，可以采集到采集车周围交通环境的静态信息，可通过对图片中关键交通标志、路面周围关键信息的提取，在后期高精地图数据处理中完成对地图的初步绘制。基于激光雷达与摄像头融合的制图方案通过融合二者的优势，综合运用丰富的图像信息和精确的激光雷达数据，最终得出一个非常精确的高精地图。

学习测验

1.【单选题】激光雷达的作用是（　　　）

A. 测距　　　　　　B. 定位　　　　　　C. 探测　　　　　　　D. 三维成像

2.【多选题】关于 2D 激光雷达，哪一项是错误的？（　　　）

A. 2D 激光雷达主要用于规避障碍物

B. 其扫描速度快、分辨率强、可靠性高

C. 能测量物体高度

D. 只能平面式扫描

3.【多选题】关于 3D 激光雷达，哪一项是错误的？（　　　）

A. 主要应用于汽车的雷达成像　　　　　　B. 可以识别物体的高度信息

C. 属于多线激光雷达　　　　　　　　　　　D. 只能平面式扫描

4.【判断题】2D 激光雷达属于多线激光雷达。（　　　）

研精致思

请大家查阅相关资料回答：激光雷达的 64 线、32 线、16 线分别代表什么意思呢？

_____

_____

_____

_____

_____

任务实施

道路高精地图数据预处理

【任务要求】

以小组形式根据道路高精地图数据预处理软件的操作视频，完成对 GoSLAM 采集的道路原始数据进行预处理，并派代表进行成果汇报。

【任务步骤】

1. 点云数据上传

打开平台的场景，里面有【我的数据集】和【收藏的场景】，上传的点云数据会在【我的数据集】中，单击【数据处理】，选择【点云分类】，单击【选择点云数据集】，勾选要处理的点云数据，如图 3-23 所示。

2. 点云数据分类

处理后的文件会出现在场景中。这是通过采集车采集的原始的点云数据，呈现的效果是黑白的，并且只有强度值和高程值，颜色值和分类值是没有的，原始点云数据如图 3-24 所示。

1）第一步将点云数据进行初步分类，点云数据会增加一些颜色和分类，可以将地面、灯杆、指示牌、路沿、信号灯等给提取出来，此时的分类是相对粗糙的，如图 3-25 所示。

2）第二步对点云数据进行细致的分类，主要是对地面的标线、标志进行简单的提取，如图 3-26 所示。

这两步做完以后，会对分类后的点云数据进行自动建模，由于算法优化问题，会存在一些标牌、部分车道线缺失而没有建模出来，后期还需要进行人工处理。

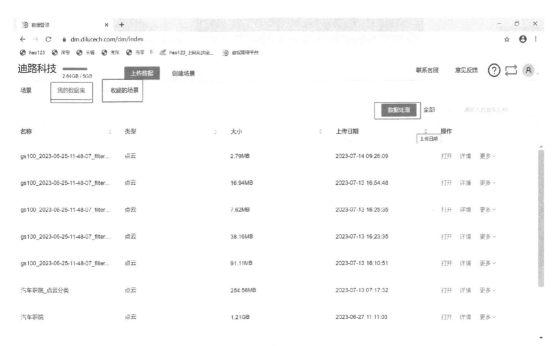

图 3-23 点云数据上传

图 3-24 原始点云数据

图 3-25　点云数据初步分类

图 3-26　点云数据细致分类

【知识链接】请扫码查看操作视频：点云数据预处理

【成果展示】小贴士：数据处理成果可以打印出来粘贴到文本框内哦!

任务 3.5 高精地图的数据标注

任务导入

高精地图的道路信息非常丰富，能准确描绘出道路形状、车道线位置、类型、宽度以及交通信号灯、交通标志、路边地标等信息，那么这些信息是如何呈现出来的呢？它们之间的逻辑关系如何来匹配呢？带上这些问题，让我们开始"高精地图的数据标注"的学习之旅吧。

任务目标

【知识目标】

1. 掌握道路网图层组的数据结构及关联规则。

2. 掌握车道网图层组的数据结构及关联规则。

【能力目标】

根据高精地图数据软件的使用方法完成车道分界线、车道中心线、道路中心线的制作。

【素养目标】

1. 培养学生的求知探索精神。

2. 能严格按照 GoSLAM 预处理软件的使用要求进行数据预处理，让学生养成较好的规范意识。

理论学习

高精地图可以分为静态高精地图和动态高精地图两个层级。静态数据层可划分为道路网图层组、车道网图层组、道路附属物图层组，它精准刻画静态驾驶环境，提供丰富的道路语义信息来约束与控制车辆行为，是高精地图制图的重点，构成了高精地图内容的骨架。

知识点 1 道路网图层组的数据结构及关联规则

道路网图层组是由各类道路组成的相互联络、交织成网状分布的道路拓扑结构，它使用点、线模型进行抽象表达，采用节点（道路连接）来表达道路打断处，采用一条几何线（道路参考线、道路引导线）来表达一段道路，包括道路参考线、道路虚拟参考线、道路节点。

1. 道路参考线

道路参考线的几何表达应为沿道路行车方向左侧第一车道的右侧标线的中心位置，道路参考线示意图，如图 3-27 所示。

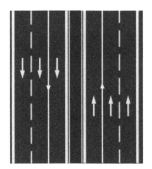

图 3-27 道路参考线示意图

在一些特殊场景下，道路参考线的表达方式为：

1）单车道双向通行区域：表达为两根方向相反的道路参考线，如图 3-28 所示。

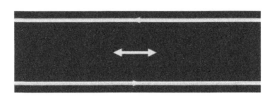

图 3-28 单车道双向通行区域道路参考线几何表达

2）多车道双向道路：表达为两根方向相反的道路参考线，如图 3-29 所示。

图 3-29 多车道双向道路参考线几何表达

3）道路车道数增加时道路参考线几何表达如图 3-30 所示。

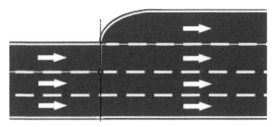

图 3-30 道路车道数增加时道路参考线几何表达

2. 道路虚拟参考线

在没有实际连接道路的路口（如交叉路口），此时可按照交通规则、安全驾驶规则、道路拓扑关系规则生成一条几何连接两个道路节点的虚拟道路参考线。

1）交叉路口道路虚拟参考线如图 3-31 所示。

2）铁路道口道路虚拟参考线如图 3-32 所示。

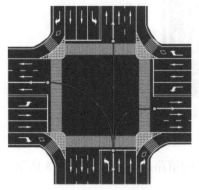

图 3-31 交叉路口道路虚拟参考线示意图

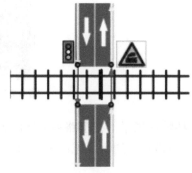

图 3-32 铁路道口道路虚拟参考线示意图

3. 道路节点

道路节点的几何表达为道路参考线（包含无交通渠化区域）的打断位置，道路节点类型与示意图见表 3-3。

表 3-3 道路节点类型与示意图

节 点 类 型	示 意 图
路口节点 非路口节点 平面匝道入口\出口节点 立体匝道入口\出口节点 高速公路入口\出口节点 主路驶入\驶出节点 辅路驶入\驶出节点 分流路口驶入\驶出节点 合流路口驶入\驶出节点 掉头口节点 环岛节点 停车场入口\出口节点	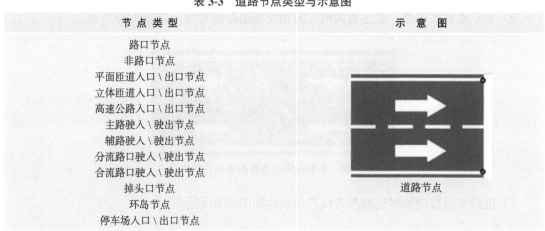 道路节点

4. 道路打断规则

1）在道路等级、车道数量、路面材质、结构类型和道路限制条件发生变化位置，应以道路参考线为基准进行打断，如图 3-33 所示。

2）如遇长距离（具体的值可自定义）无法满足打断规则的道路，应以道路参考线为基准进行等间距（具体的值可自定义）打断。

5. 几何及关联规则

1）道路连接点应与道路参考线建立关联规则。当道路车道数增加时，如图 3-34 所示，需要对每个道路连接点建立与道路参考线的关联表，具体见表 3-4。

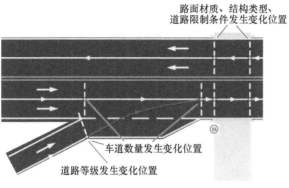

图 3-33　道路参考线打断示意图

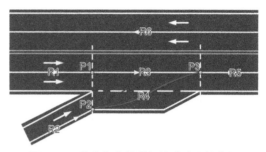

图 3-34　道路车道数增加的道路连接点与
参考线示意图

表 3-4　道路连接点关联表

编　号	道路连接点	驶入道路参考线	驶出道路参考线
1	P1	R1	R3
2	P2	R2	R4
3	P3	R3	R5
4	P3	R4	R5

2）道路连接点、车道组应与道路路口建立关联规则。其中道路路口以独立表存储，由多个道路连接点和车道组的形式组合而成。道路路口关联图如图 3-35 所示，关联表见表 3-5。

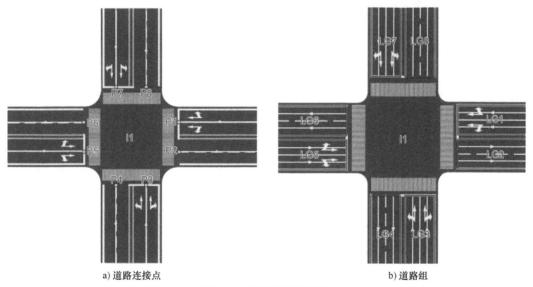

a) 道路连接点　　　　　　　　　　　　　　b) 道路组

图 3-35　道路路口关联图

表 3-5　道路路口关联表

编　号	道 路 路 口	道路连接点	车 道 组
1	I1	P1	LG1
2	I1	P2	LG2
3	I1	P3	LG3
4	I1	P4	LG4
5	I1	P5	LG5
6	I1	P6	LG6
7	I1	P7	LG7
8	I1	P8	LG8

知识点 2　车道网图层组的数据结构及关联规则

车道网图层组是车道对象的抽象模型，用以描述高精度道路车道的拓扑几何，并记录每个独立车道的相关属性。车道网图层组是进行车道级路径规划的关键信息层组，包括车道参考线、车道虚拟参考线、车道节点。

1. 车道参考线

车道参考线的几何表达应为沿车道通行方向的单个车道中心线位置，表示两个相邻车道节点间的车道几何形态，车道参考线几何表达如图 3-36 所示。

在一些特殊场景下，道路参考线的表达方式如下。

1）单车道双向通行区域：表达为一根双向通行的车道参考线，如图 3-37 所示。

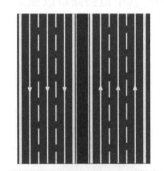

图 3-36　车道参考线几何表达

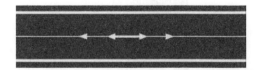

图 3-37　单车道双向通行区域车道参考线几何表达

2）在车道数量变化位置：表达为一条平滑曲线，需延续与前后车道参考线的连续性，车道数量变化位置车道参考线几何表达如图 3-38 所示。

2. 车道虚拟参考线

在没有实际连接道路的路口（如交叉路口），此时可按照交通规则、安全驾驶规则、道路拓扑关系规则生成一条几何连接两个车道节点间的虚拟车道参考线。交叉路口道路虚拟参考线几何表达如图 3-39 所示。

3. 车道节点

车道节点的几何表达应为车道参考线（包含无交通渠化区域）的打断位置，车道连接点几何表达如图 3-40 所示。

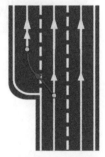

图 3-38　车道数量变化位置车道参考线几何表达

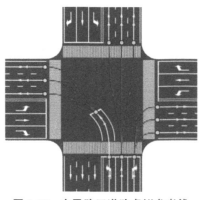

图 3-39　交叉路口道路虚拟参考线
几何表达

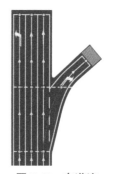

图 3-40　车道连
接点几何表达

4. 车道打断规则

车道打断的具体规则如下，如图 3-41 所示。

1）在道路打断位置，车道参考线应同时进行打断。

2）在车道类型、左（右）临车道标线类型、车道限制条件发生变化位置，应以车道参考线为基准进行打断。

5. 几何及关联规则

（1）车道组应与车道连接点建立关联规则　车道组关联图如图 3-42 所示，车道组关联表见表 3-6。

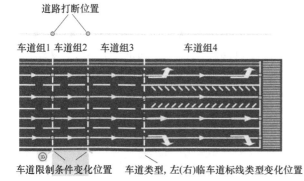

图 3-41　车道打断规则示意图

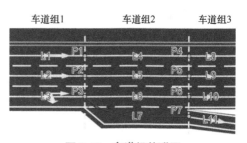

图 3-42　车道组关联图

表 3-6　车道组关联表

编号	车道组	起点车道连接点	终点车道连接点	前方车通组	后方车道组	关联车道参考线
1	2	P1，P2，P3	P4，P5，P6，P7	1	3	L4，L5，L6，L7

（2）车道连接轨迹关联规则　车道连接点应与车道参考线建立关联规则。车道参考线在符合交通规则和车辆安全驾驶规则的情况下，按照道路通行方向从左到右建立车道的最大化连接轨迹，若道路路口处存在中心圈、导流线等路面标识，车道连接轨迹应遵照实际引导标识。

1）十字交叉路口关联如图 3-43 所示，关联表见表 3-7。

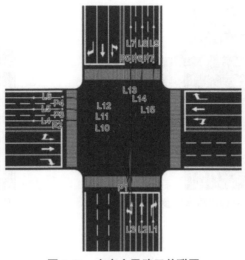

图 3-43 十字交叉路口关联图

表 3-7 十字交叉路口关联表

编　号	车道连接点	驶入车道参考线	驶出车道参考线
		L3	L10
		L3	L11
1	P1	L3	L12
		L3	L13
		L3	L14
		L3	L15

2）环岛路口关联规则。按照驶入车道、驶出车道的数量，应将环岛路口抽象为多个"T"形交叉路口的组合，以环岛的圆心为端点向路口两端作直线，确定"T"形交叉路口的范围，如图 3-44 所示，关联表见表 3-8。

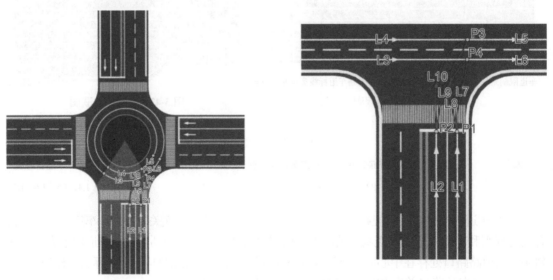

图 3-44 环岛路口关联图

表 3-8 环岛路口关联表

编　号	车道连接点	驶入车道参考线	驶出车道参考线
1	P1	L1	L7
2	P1	L1	L8
3	P2	L2	L9
4	P2	L2	L10
5	P3	L4	L5
6	P3	L8	L5
7	P3	L10	L5
8	P4	L3	L6
9	P4	L7	L6
10	P4	L9	L6

3）掉头路口关联规则。掉头路口关联如图 3-45 所示，关联表见表 3-9。

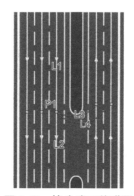

图 3-45　掉头路口关联图

表 3-9 掉头路口关联表

编　号	车道连接点	驶入车道参考线	驶出车道参考线
1	P1	L1	L2
2	P1	L1	L3
3	P1	L1	L4

知识点 3　道路附属物图层组

道路安全设施组包含道路边界、线状道路交通标线、面状道路交通标线、道路交通标志和交通灯五大类。

1. 道路边界

道路边界为有防护栏、路缘石等设施导致无法通行的道路可行驶区域一侧的边界处，几何表达应为最靠近机动车道的路侧防护设施位置，道路边界几何表达如图 3-46 所示。

2. 线状道路交通标线

（1）车道标线 几何表达应为标线线条的中心线位置，如图3-47所示。

图3-46 道路边界几何表达

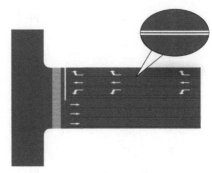

图3-47 车道标线几何表达

特殊场景车道几何表达应符合如下要求：

1）中央分割线为双黄线区域，表达为两根标线各自线条的中心线，如图3-48a所示。

2）离散标记区域，表达为标记几何中心的连线，如图3-48b所示。

3）待转区区域，表达为待转区范围线线条的中心线，如图3-48c所示。

4）不存在最外侧车道边缘线区域，表达需根据当前车道宽度，以道路边界线为基准向道路内侧平移一定距离人为地设定一根车道标线，如图3-48d所示。

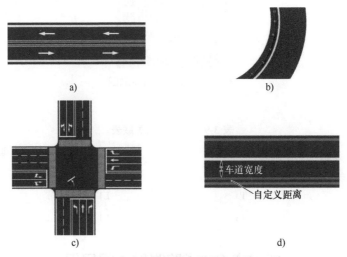

图3-48 特殊场景车道几何表达

（2）横向禁止标线 几何表达应为标线线条的中心线位置，如图3-49所示。

3. 面状道路交通标线

（1）人行横道 几何表达应为沿人行横道外接矩形、多边形或外轮廓多边形位置，如图3-50所示。

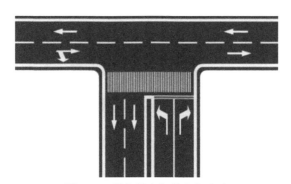

图 3-49 横向禁止标线几何表达

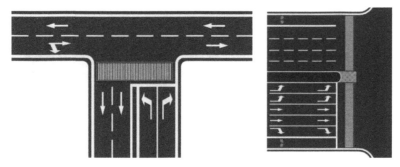

图 3-50 人行横道几何表达

（2）停车位 几何表达应为沿停车位边缘的外轮廓多边形位置，如图 3-51 所示。

图 3-51 停车位几何表达

（3）面状标线 几何表达应为标线的外接矩形、多边形或外轮廓多边形位置，如图 3-52 所示。

图 3-52 面状标线几何表达

4. 道路交通标志

几何表达应为沿道路交通标志牌面边缘的外轮廓位置，如图 3-53 所示。

图 3-53　道路交通标志几何表达

5. 交通灯

几何表达应为沿交通灯灯组边缘的外接矩形或外接多边形位置，如图 3-54 所示。

图 3-54　交通灯几何表达

6. 关联规则

1）道路边界应与所在道路参考线建立关联规则，道路边界关联图如图 3-55 所示，关联表见表 3-10。

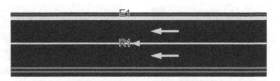

图 3-55　道路边界关联图

表 3-10　道路边界关联表

编　　号	道路边界	道路参考线
1	E1	R1

2）线状道路交通标线与车道参考线建立关联规则，如图 3-56 所示。左（右）侧车道标线的关联规则宜建立在车道参考线中，线状道路交通标线关联表见表 3-11，左（右）侧车道标线关联表见表 3-12。

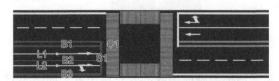

图 3-56　线状道路交通标线关联图

表 3-11　线状道路交通标线关联表

编　号	横向禁止标线	人 行 横 道	车道参考线
1	S1	C1	L1、L2

表 3-12　左（右）侧车道标线关联表

编　号	车道参考线	左侧车道标线	右侧车道标线
1	L1	B1	B2
2	L2	B2	B3

3）交通灯与车道参考线建立关联规则，如图 3-57 所示，关联表见表 3-13。

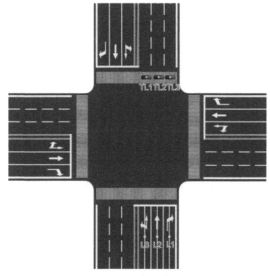

图 3-57　交通灯与车道参考线关联图

表 3-13　交通灯与车道参考线关联表

编　号	交 通 灯	车道参考线
1	TL1	L3
2	TL2	L3
3	TL2	L2
4	TL3	L1

学习测验

1.【判断题】在车道类型、左（右）临车道标线类型、车道限制条件发生变化位置，应以车道参考线为基准进行打断。（　　）

2.【判断题】车道组与车道连接点无须建立关联规则。（　　　）

3.【判断题】车道连接点与车道参考线需要建立关联规则。（　　　）

4.【判断题】道路连接点、车道组无须与道路路口建立关联规则。（　　　）

5.【判断题】线状道路交通标线与车道参考线不需要建立关联规则。（　　　）

研精致思

请大家查阅相关资料回答：在高精地图的制作过程中，哪些情况需要通过人工手段补齐相关信息？

_____

_____

_____

_____

_____

任务实施

道路高精地图的静态地图制作

【任务要求】

根据高精地图数据软件的使用方法和操作视频，完成道路高精地图的车道分界线、车道中心线、道路中心线的制作。本次高精地图采用迪路科技的三维数据处理平台进行制作。

【任务步骤】

一、车道分界线的制作

车道分界线是高精地图中的道路模型的一部分，其英文缩写是 LB。LB 的制作流程分为 LB 几何绘制、LB 精修（LB 几何挂接、合并、打断）、LB 属性填充、质检四个步骤。

（1）LB 几何绘制

1）创建 LB 图层：首先创建一个 LB 图层，点击图层管理右上角的加号，选择新建图层，选择高精地图图层的 Lane boundary，如图 3-58 所示。

2）绘制车道分界线：单击矢量编辑工具的【编辑】，然后单击【要素绘制】，按住鼠标的右键根据点云数据绘制出一条车道的车道分界线，如图 3-59 所示。

3）复制车道分界线：单击【要素】工具栏的【选择要素】，选中刚绘制的车道分界线，再单击【矢量编辑工具】的【复制移动】按钮，得到一条新的车道分界线，将它移动到相应的位置上，重复以上操作，将该进口道的其他车道分界线均绘制出来，如图 3-60 所示。

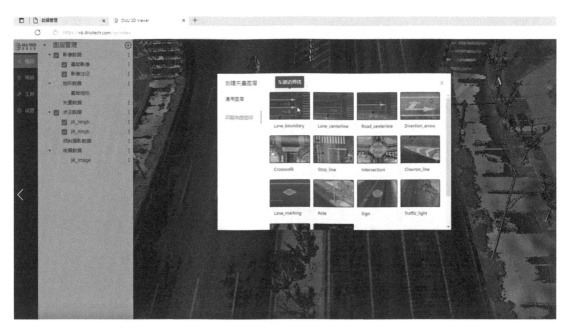

图 3-58　新建 Lane boundary 图层

图 3-59　车道分界线绘制

4）打断车道分界线：由于最右侧的车道连接右转车道，可使用【编辑工具】中的【单个打断】和【删除】来完成。单击【要素】工具栏的【选择要素】，选中要打断的车道分界线，单击【单个打断】，选中要打断的位置，打断成功后，选择要删除的要素进行删除，如图 3-61 所示。

图 3-60　车道分界线复制

图 3-61　车道分界线打断

（2）LB 精修（LB 几何挂接、LB 合并、LB 打断）　当分段绘制车道分界线 LB 后，在交接位置可能会存在几何不规范的情况，此时需要将 LB 几何进行挂接合并。

1）LB 几何挂接：如①处需要进行挂接，单击矢量编辑工具中【开启捕捉】，将两段 LB 进行挂接，如图 3-62 所示。

图 3-62　车道分界线几何挂接

2）LB 合并：LB 合并是将两根首尾挂接的线，合并为一根完整的线。单击【选择要素】，选中要合并的车道分界线，再单击【合并】按钮，在弹出的合并框中单击确定，这样编号为 2 和 6 的 LB 就变成了一条车道分界线了，如图 3-63 所示。

图 3-63　车道分界线合并

3）LB 打断：LB 绘制完成后，由于人工无法保障几何打断位置的整齐性，可根据工艺进行 LB 打断。此处由于车道绘制结束后需要整齐打断，并删除多余部分。单击要素工具中的【选择要素】，选中要处理的 LB，然后选择【批量垂直打断】，点中要打断的位置后，确认打断，如图 3-64 所示；然后选中要删除的 LB，单击删除，这样多根车道绘制结束处保持了整齐。

图 3-64　车道分界线批量打断

（3）LB 属性填充　根据实际场景人工手动填充属性字段中的 Uid、Type、Is virtual 等字段。LB 的属性填充需要参考点云和全景照片进行赋值。本次任务实施以 Uid、Type 属性填充为例。

1）Uid 属性填充：单击矢量编辑工具中的【属性表】，单击字段计算，首先对 Uid 进行赋值，填充方式选择序列，起始值填 1，步长值填 1，这样每条 LB 被赋值成功，如图 3-65 所示。

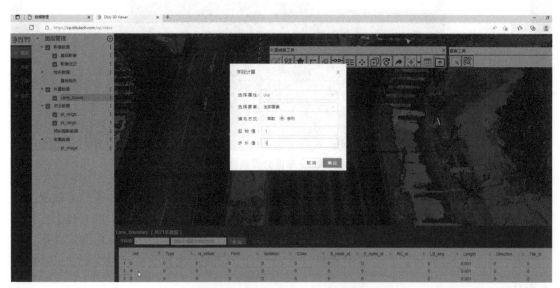

图 3-65　车道分界线 Uid 属性填充

2）Type 属性填充：填充方式选择常数，填充值填 1，根据本软件产品的说明，1 代表可行驶车道边界，如图 3-66 所示。

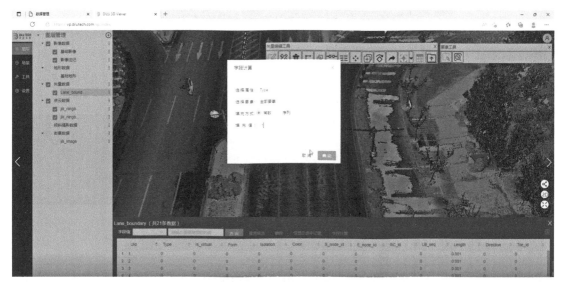

图 3-66　车道分界线 Type 属性填充

（4）质检　LB 质检分为人工自检和挂接检查修复。绘制完成后，将确认无误的 LB 保存到本地。

二、车道中心线、道路中心线的制作

车道中心线、道路中心线是高精地图中的道路模型的一部分，其英文缩写分别为 LC、RC。LC、RC 是根据制作完成的 LB 自动生成的，因此要保证 LB 的正确性。LC、RC 的制作流程主要分为：LB 分组—LC、RC 生成—几何检查—属性填充—质检。

（1）LB 分组　单击工具中的制图工具，运行【道路模型处理】模块的【车道边界线分组】工具，如图 3-67 所示，勾选 Lane_boundary 数据，单击确定，会生成 LB 分组信息；打开 LB 分组信息，显示出按照道路从左到右排序的分组结果。

（2）LC、RC 生成　单击工具中的制图工具，运行【道路模型处理】模块的【车道 / 道路中心线生成】工具，输入 Lane_boundary 和 Lane_boundary group 的图层，也可以进行本地的输入，单击这两个图层后，单击确定，处理后会将新图层添加进来，如图 3-68 所示。

移除掉之前制作的车道分界线。点中 LB、LC、RC 三个图层，显示的则是系统自动生成的数据图层，LC、RC 生成完成，如图 3-69 所示。

（3）几何检查　首先检查 LC、RC 是否正常几何挂接，是否存在肉眼可见的错误。

（4）属性填充　属性填充分为人工属性填充和 Lane dir 赋值。其中 LC 属性手动填充有 Is_virtual（是否为虚拟车道）、Type、Max_speed、Min_speed 等。RC 属性手动填充主要为 Kind、FC、Type、Both_way 等。其中，Lane dir 赋值是程序根据车道的方向箭头自动填充的。

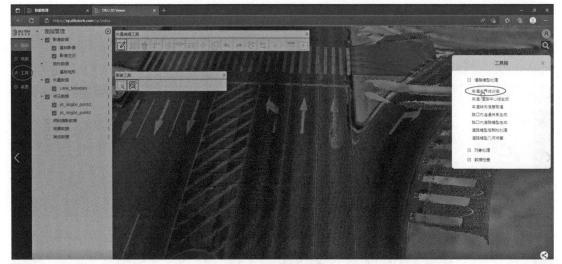

图 3-67 LB 分组

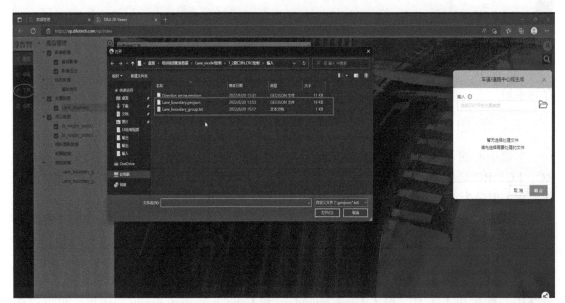

图 3-68 LC、RC 生成

1）Type 属性填充：现在以车道中心线 type 属性填充为例来展示人工属性填充，右键单击 Lane_centerline 图层，单击【打开属性表】，可以看到所有车道的 type 默认值均为 1，也就是常规车道，当车道延伸到交叉口进行分流时，有的车道会变成退出车道，本软件退出车道对应的属性值为 10，单击【矢量编辑工具】中的【开始编辑】和【要素工具】的【选择要素】，选中要编辑的车道中心线，单击仅显示选中记录，单击 type，将 1 修改成 10，修改成功。

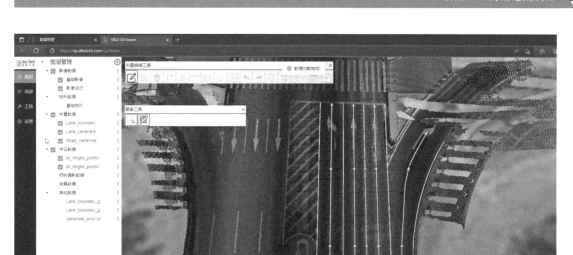

图 3-69　自动生成后的 LC、RC

2）Lane dir 赋值：打开工具栏的【制图工具】，单击车道转向信息赋值，单击 lane_centerline、Direction_arrow、Intersection，单击确定，处理完成后，会对之前生成的 lane_centerline 进行替换，单击打开属性表，查看 Lane dir 属性，之前的 Lane dir 均为 1，处理后根据车道的具体情况进行相应的属性填充，如图 3-70 所示。

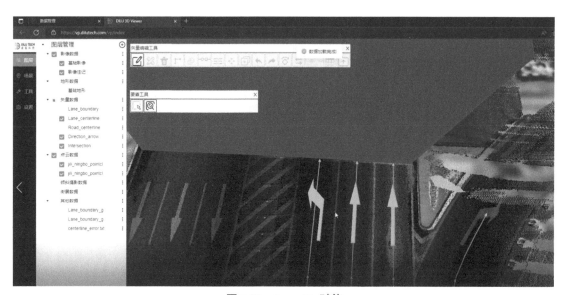

图 3-70　Lane dir 赋值

（5）质检　质检分为人工检查和程序质检。

1）人工检查：

① 通过可视化 LC 和 RC，查看道路是否连通。

② 检查 LB_Uid 最大一组车道中的 RC_id 关联是否正确。

2）程序质检：运行质检程序检查 Lane_model 几何与关联关系。

【知识链接】请扫码查看操作视频：车道分界线的制作，车道中心线及道路中心线的制作

【成果展示】小贴士：方案设计可以打印出来粘贴到文本框内哦！

拓展视野

高精地图是实现自动驾驶的重要基础设施之一

自动驾驶是未来值得着力的方向，但要实现一个完全自动化、智能化、舒适化的出行就需要包括高精地图在内的一系列公共基础设施去提供技术支持和出行服务。

要满足在安全情况下的自动化、智能化、舒适化，未来自动驾驶（无人驾驶）除道路外，至少需要包含三大基础设施。第一个基础设施是智能网联汽车。第二个基础设施是车联网，可以收集出行过程中可能出现的各式问题及出行环境中的各种信息，并实现信息互通共享。第三个基础设施是高精地图，高精地图要依据静态和动态变化的地图要素为车辆在道路上行驶提供控制参数。例如：面对一个弯道，高精地图能够提示需要拐弯的弯度曲率半径是多少，并在精确的时刻提示汽车，控制汽车在精准的位置上以合规、合适、合理的车速前行。如果在通过这个弯道时恰好有雾，这样的变化更需要机器以高精地图提供的精准位置进行弯道识别、分析、决策和车速控制。这也展示了自动驾驶高精地图的三大特性：既有静态环境地理信息，也有实时变化的交通环境动态地理信息，还有定点定区域道路行车静态型和道路环境实时动态变化型内在控制参数。

刘经南院士指出，一般的地图或者说现阶段的"自动驾驶"依旧以人为主，基础设施的功能也有，但仍是辅助性的，并非不可或缺。未来的高精地图需要实现车端、路边、云端协同决策管控。

"目前有许多国内厂家都在向高精地图的方向着力、探索，已经有了一些突破的结果，建了一些模型，也初步形成了合作，有了厂家或行业之间的执行标准，但没能形成完整的国家标准。要实现这种高精度地图，一定要有国家级的规范，而不是企业界的标准、行业界的标准。"刘经南院士强调。地方、行业的标准是起步，但逐步要过渡到国家级标准，甚至需要设立相关法律法规。

资料摘自《中国测绘》2022 年第 6 期

项目四
实景三维地图采编

🏠 **项目任务**

近年来，随着科技的不断发展和创新，人们对于地图的要求逐渐提高，几何信息的字体和几何线条已经不能满足人们的需求。实景三维地图应运而生，它不仅能够以真实场景的方式呈现相关信息，使人们更为直观地感受到所在区域的详细信息，也让地图变得更加具有可读性和交互性。通过本项目的学习和实践，应能认识实景三维地图，并能使用相关设备和软件完成实景三维地图的制作。

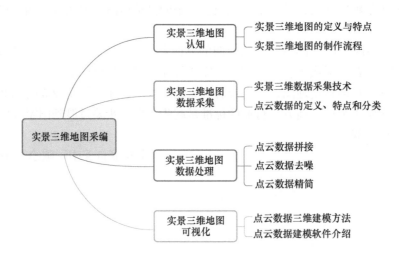

🏠 **项目目标**

【知识目标】

1. 掌握实景三维地图的定义和特点。

2. 了解实景三维地图的应用。

3. 掌握实景三维地图的制作流程。

4. 掌握实景三维地图数据采集和处理的方法。

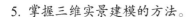

5. 掌握三维实景建模的方法。

【能力目标】

1. 能使用三维激光扫描相关采集设备进行点云数据采集。

2. 能使用实景三维地图预处理软件对原始点云数据进行预处理。

3. 根据三维建模软件的使用方法完成实景三维地图的制作。

【素养目标】

1. 具有良好信息检索的能力，善于接受新知识与新技能。

2. 具有良好的职业素养，能严格按要求进行作业。

3. 具有良好的沟通能力，能有效地进行工作沟通。

4. 具有良好的团队合作精神与意识，分工合作完成工作任务。

任务 4.1 实景三维地图认知

任务导入

随着我国城市道路的不断建设，城市道路情况越来越复杂，立交桥、多岔路等复杂路况使得道路从平面转变成三维立体结构，而导航地图大多为二维平面导航，无法满足人们对真实场景的需求。实景三维地图以其逼真的视觉效果和身临其境的体验，成为现代导航的热门选择。那什么是实景三维地图呢？实景三维地图的应用场景有哪些呢？带上这些问题，让我们开始"实景三维地图认知"的学习之旅吧。

任务目标

【知识目标】

1. 掌握实景三维地图的定义、特点与功能。

2. 了解实景三维地图的制作流程。

【能力目标】

能描述实景三维地图与传统二维地图的区别。

【素养目标】

1. 培养学生运用辩证思维去分析问题。

2. 培养学生的求知探索精神。

知识点1　实景三维地图的定义与特点

1. 实景三维地图的定义

实景三维地图又称为真实场景三维数字地图，是以三维电子地图数据库为基础，按照一定比例对现实世界或其中一部分的一个或多个方面的三维、抽象的描述。实景三维地图是利用激光雷达、摄影测量、卫星遥感等技术手段获取真实世界的三维数字模型，然后通过计算机技术将这些数字模型转化为可以在计算机屏幕上显示的三维数字地图，能够为用户提供真实、立体的地图体验，如图 4-1 所示。

图 4-1　实景三维地图

2. 实景三维地图的特点

实景三维地图具有真实性高、立体感强、互动性好、应用范围广等特点。

（1）真实性高　实景三维地图以真实世界为基础，数据来源于激光雷达、摄影测量、卫星遥感等技术手段，数据准确性较高，使得数字地图的真实性得到了有效保障。

（2）立体感强　实景三维地图通过三维建模技术，将地形、建筑、植被等元素以三维形式呈现在用户面前，用户可以通过旋转、放大、缩小等手段观察这些元素，使得数字地图具有很强的立体感。

（3）互动性好　实景三维地图可以与用户互动，用户可以通过手势、语音、触屏等方式对地图进行操作，从而获取更多的信息和功能。

（4）应用范围广　实景三维地图的应用范围广泛，可以用于城市规划、旅游导航、智慧交通、地震灾害救援等领域，具有很高的实用价值和社会意义。

（5）展示效果好　实景三维地图能够呈现更加全面、细致的地理信息，通过多角度、多层次的展示，让用户更加全面地了解地理环境和景观特色。此外，实景三维地图还可以融合多种信息，如交通、气象等，为用户提供更加全面的服务。

3. 实景三维地图的功能

（1）导航功能　实景三维地图可以通过定位和导航技术，为用户提供实时路线和导航指引。用户可以在实景三维地图上输入目的地，实景三维地图自动规划路线、提供导航指引，让用户更加便捷地出行。

（2）查询功能　实景三维地图可以通过多种信息融合，为用户提供全面的地理信息。用户可以在实景三维地图上查询景点、餐饮、住宿、交通等信息，让用户更加便捷地获取所需信息。

（3）定位功能　实景三维地图可以通过定位技术，为用户提供精准的位置信息。用户可以在实景三维地图上查看周边环境、附近景点等信息，提高出行的准确性和安全性。

（4）互动功能　实景三维地图可以提供多种互动方式，如拖拽、手势操作、VR 等，让用户更加自由地浏览地理环境和景观特色。用户可以在实景三维地图上自由进行转动、缩

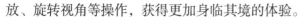

放、旋转视角等操作，获得更加身临其境的体验。

4. 实景三维地图的优势与劣势

三维地图技术相较于传统地图在空间感知、深度信息、视觉效果、交互性和增强现实等方面具有显著的优势，能够提供更丰富、生动和互动的地理信息展示方式。实景三维地图的优势与劣势见表 4-1。

表 4-1　实景三维地图的优势与劣势

优　势	劣　势
1）更加直观。实景三维地图能够模拟真实场景，让用户更加直观地了解地理位置信息 2）更加准确。实景三维地图采用先进的技术手段，数据精确、真实 3）灵活性更好。实景三维地图可以根据用户需求进行定制，满足不同用户需求 4）便于路线规划。在实景三维地图上，用户可以更加方便地进行路径规划，提高效率	1）研发成本高。制作实景三维地图需要大量的测绘数据，并需要运用各种技术手段，研发成本比传统地图高 2）需要更大的存储空间。实景三维地图的数据量较大，需要更大的存储空间 3）渲染速度较慢。实景三维地图渲染需要时间，会影响用户的使用体验

5. 实景三维地图的应用

实景三维地图最早主要应用于军事、航空、地质勘探等领域。随着科技的不断发展，实景三维地图的应用范围也逐渐扩大，目前已经在很多领域应用得非常成熟。

（1）导航和定位　实景三维地图可以为人们提供更为精准的导航和定位服务，让人们更直观地了解道路状况和周边环境，避免迷路或者走错路线，更容易找到目的地。

（2）旅游和观光　实景三维地图可以为旅游者提供更为全面和生动的旅游信息，包括景点介绍、餐饮住宿等，可以帮助人们更好地规划旅游路线，更好地了解旅游景点和周边设施，让旅游更加方便和愉悦。

（3）城市规划　实景三维地图可以为城市规划者提供更为直观的城市模型，让城市规划者更好地了解城市的地形、道路、建筑等情况，进而更好地进行城市规划和管理。

（4）商业推广　实景三维地图可以为商家提供更为生动的广告宣传，帮助他们更好地推广产品和服务，吸引更多消费者的关注和购买。

知识点 2　实景三维地图的制作流程

实景三维地图的制作需要经过外业获取影像、内业数据处理等多道程序。其中外业部分主要采用全站仪进行标靶测量、三维激光扫描仪采集点云数据或者倾斜摄影测量获取影像等；内业部分主要使用三维建模软件进行点云数据处理、构建三维模型。根据实景三维地图的制作流程，将其分为地形数据获取、图像采集和建模渲染等步骤。

1. 地形数据获取

地形数据获取是实景三维地图制作的基础。通过各种测量手段和技术，可以获取到地球表面的高程、形状和地理特征等数据，这些数据是制作实景三维地图所必需的基础信息。如果测区内没有已知控制点，还需要进行控制网的布设，利用标靶测量获取控制点坐标信息，以得到真实坐标系下的点云数据和三维模型。

2. 图像采集

图像采集是实景三维地图制作的关键步骤之一。为了制作真实感觉的地图，需要采集大量的地理图像，这些图像可以通过航拍、卫星遥感等方式获取。通过高分辨率的地理图像，可以捕捉到地球表面的细微特征，进而提高地图的真实感和细节。

3. 建模渲染

在这个过程中，需要对采集到的地理图像进行处理，并通过计算机图形学技术进行建模和渲染。通过使用先进的图像处理算法和计算机视觉技术，可以将地理图像转化为有真实感的三维模型，并将其渲染成最终的地图形式。

学习测验

1.【单选题】以下哪一项不是实景三维地图的特点？（　　　　）

A. 真实性高　　　　B. 立体感强　　　　C. 应用范围广　　　　D. 现势性好

2.【简答题】什么是实景三维地图？

_____

_____

3.【简答题】实景三维地图的主要应用场景有哪些？

_____

_____

研精致思

通过对实景三维地图认知的学习，请大家思考：实景三维地图与我们传统的普通地图有哪些区别？

_____

_____

_____

_____

_____

任务实施

实景三维地图发展现状与趋势探讨

【任务要求】

实景三维地图作为一种新兴的地图技术，广泛应用于交通、城市规划、旅游和商业等领域。随着技术的不断发展和应用，实景三维地图的应用场景和前景也将越来越广阔。同时，我们也需要认识到实景三维地图应用中存在的挑战和问题，那么实景三维地图行业的发展现状如何呢？未来发展趋势你是怎么看待的呢？请大家以 5 人 / 组为单位，结合所学知识，查阅相关资料，完成实景三维地图发展现状与趋势分析报告，并派代表进行成果汇报。

　　【成果展示】小贴士：分析报告可以打印出来粘贴到文本框内哦！

任务 4.2　实景三维地图数据采集

任务导入

通过三维激光扫描，获得被测目标的三维点云数据，根据点云数据进行三维重构。什么是三维激光扫描技术？三维激光扫描技术采集点云数据流程有哪些？带上这些问题，让我们开始"实景三维地图数据采集"的学习之旅吧。

任务目标

【知识目标】

1. 掌握点云数据的定义、特点和分类。

2. 了解三维激光扫描技术的工作原理和特点。

3. 掌握三维激光扫描仪点云数据采集方法。

【能力目标】

1. 能描述三维激光扫描仪的工作特点。

2. 能使用三维激光扫描仪采集指定区域数据。

【素养目标】

1. 培养学生的求知探索精神。

2. 培养学生较好的规范意识。

3. 培养学生较好的团队协作意识。

理论学习

知识点 1　实景三维数据采集技术

1. 无人机倾斜摄影技术

无人机（Unmanned Aerial Vehicle，UAV）倾斜摄影技术是指通过无人机平台搭载倾斜摄影相机的方式，获取地表多角度、高分辨率航测影像，同时为每张影像赋予确定的地理位置信息。通过对模型特征点提取、空三测量、多视影像密集匹配，在获得密集点云的基础上，构建不规则三维网格和纹理映射，可快速构造真实的实景三维模型。

（1）系统组成　无人机倾斜摄影系统由无人机、高精度多角度测量相机、相控配件、地面站航线规划软件组成。地面站航线规划软件可完成无人机航测飞行的航高、飞行速度、重叠度等飞行参数的设置，同时可实时知悉飞行器的飞行状态。自动化建模处理软件无须人工干预，在几分钟或几小时的计算时间内能输出高分辨率的、带有真实纹理的三角网格模型。

（2）技术原理 无人机倾斜摄影技术是通过在同一飞行平台上搭载多台传感器，同时从垂直、倾斜等不同角度采集影像，获取地面物体更为完整准确的信息。其中，垂直地面角度拍摄获取的影像称为正片，镜头朝向与地面呈一定夹角拍摄获取的影像称为斜片。通过多目相机多角度采集信息，配合控制点或影像 POS 信息，影像上每个点都会有三维坐标信息，同时基于影像数据可对任意点线面进行量测，获取厘米级的测量精度并自动生成三维地理信息模型。无人机倾斜摄影技术路线主要包含外业数据采集和内业数据处理。外业数据采集要根据作业区域地貌特征，设计布置相控点和航拍路径规划，同时也要考虑天气状况。

1）资料收集：收集航测区域的地形与建筑物等信息，用于绘制航测飞行区域。

2）现场踏勘：了解具体地形地貌情况，初步确定航测飞行的架次分布、起飞点及像控点布设位置，并向当地空管部门进行报批，所有的航空摄影项目都需要进行空域申请，得到批复后才可以实施测量。

3）航测区域规划：结合矿山资料及现场踏勘情况，初步确定起飞点、航测飞行架次分布等情况。

4）飞行参数设定：确定航测飞行无人机飞行速度、飞行高度、地面分辨率及重叠度等。

5）像控点布设：采用"四周加中间均匀布设"的方式，L 形布设，线宽 20cm。

6）像控点测量：使用 GNSSRTK 测量的方式，测量统计点坐标。

7）航测飞行：采集影像资料及 POS 信息。

8）外业数据打包：整理影像、POS 及像控点坐标信息。

2. 三维激光扫描技术

三维激光扫描技术是一种利用激光测距原理，通过高速扫描被测物体表面，能够快速、准确地获取物体表面的三维坐标、反射率和颜色等信息的技术。

（1）系统组成 三维激光扫描系统主要包括扫描仪、控制系统和数据处理系统三部分。其中，扫描仪是核心部分，它由激光发射器、接收器、控制电路板等组成。激光发射器发出激光束，接收器接收反射回来的激光束，通过计算时间差来获取距离信息。控制系统控制扫描仪的旋转和移动，实现三维扫描。数据处理系统则对采集的数据进行处理，得到被测物体的三维坐标信息。

（2）工作原理 三维激光扫描系统通过高速激光扫描测量的方法，大面积、高分辨率地快速获取物体表面各个点的 (X, Y, Z) 坐标、反射率、(R, G, B) 颜色等信息。这些大量、密集的点信息可快速复建出 $1:1$ 的真彩色三维点云模型，为后续的内业处理、数据分析等工作提供准确依据。

（3）三维激光扫描技术特点

1）非接触测量。即对扫描目标物体无须进行任何表面处理，直接采集物体表面的三维数据。

2）数据采样率高。目前，采用脉冲激光或时间激光的三维激光扫描仪采样点速率可以达到数千点 /s，而采用相位激光方法测量的三维激光扫描仪甚至可以达到数十万点 /s。

3）主动发射扫描光源。即激光通过探测自身发射的激光回波信号来获取目标物体的数据信息。因此，在扫描过程中，可以不受扫描环境的时空约束进行测量。

4）高分辨率、高精度。三维激光扫描技术可以快速、高精度地获取海量点云数据，可以对扫描目标进行高密度的三维数据采集,从而达到高分辨率的目的。

5)数字化采集、兼容性好。三维激光扫描技术所采集的数据是直接获取的数字信号,具有全数字特征,易于后期处理及输出,能够与其他常用软件进行数据交换及共享。

知识点 2   点云数据的定义、特点和分类

1. 点云数据的定义

点云数据是指由多个位置获取的数据,它们描述特定区域内物体、地形或其他概念的细微差别。点云数据主要由坐标信息和属性数值组成,它能够更好地展示物体的形状、结构及其他属性,如图 4-2 所示。

图 4-2   点云数据

2. 点云数据的特点

点云是一种描述三维对象形状和结构的图形模型,由大量的点构成,每个点包含三维坐标和颜色信息,它具有精度高、密度高、非接触式等特点。

(1)精度高   点云数据的精度可以达到亚毫米级别,能够准确地描述三维对象的形状和结构。

(2)密度高   点云数据可以包含数百万个点,形成高密度的三维数据,从而实现更为精细的建模和测量。

(3)非接触式   点云数据的采集不需要接触被测对象,避免了对被测对象的损伤,同时能够方便地处理复杂形状和表面的三维数据。

(4)无序性   点云数据中的点是无序的,需要通过算法进行处理,从而实现对三维数据的可视化、建模和分析。

(5)大数据   点云数据量巨大,需要使用高效的算法进行处理,才能够实现对数据的有效管理和分析。

(6)多维性   点云数据不仅包含三维坐标信息,还可以包含颜色、法向量、曲率、密度等多种属性信息,从而实现更为细致的建模和分析。

3. 点云数据的分类

点云数据按照其应用被分成结构化点云数据、矢量化点云数据和非结构化点云数据三类。

(1)结构化点云数据   能够描述物体的形状和涉及物体表面的细节。

（2）矢量化点云数据　能够描述物体的轮廓，但不能描述细节。

（3）非结构化点云数据　能够提供物体的位置信息，不能描述任何物体的形状和外观特征。

学习测验

1.【多选题】三维激光扫描系统根据运行平台可以分成（　　　）。

A. 机载三维激光扫描系统　　　　　　B. 车载三维激光扫描系统

C. 地面三维激光扫描系统　　　　　　D. 手持三维激光扫描系统

2.【简答题】简述三维激光扫描技术的工作原理。

3.【简答题】简述通过三维激光扫描仪采集点云数据的流程。

4.【单选题】点云数据的特点不包括（　　　）。

A. 精度高　　　　　　B. 数据量大　　　　　　C. 有序性　　　　　　D. 密度高

5.【判断题】矢量化点云数据能够描述物体的形状和涉及物体表面的细节。（　　　）

6.【简答题】简述实景三维地图的制作流程。

研精致思

通过对高精地图认知的学习，请大家思考：手持三维激光扫描仪采集点云数据的流程是什么？

_____

_____

_____

_____

_____

_____

任务实施

三维激光扫描仪数据采集

【任务要求】

目前，实景三维地图数据采集主要是通过三维激光扫描仪或者无人机进行的，那么手持三维激光扫描仪是如何采集点云数据的呢？请大家以 5 人 / 组为单位，选定一个测量区域，结合所学知识，查阅相关资料，利用相关仪器采集该测量区域的点云数据并制作采集报告，派代表进行成果汇报。

【任务步骤】

使用三维激光扫描仪对目标物体进行点云数据采集，点云数据的采集工作直接影响着点云数据的质量。三维激光扫描仪采集点云数据主要分为制订扫描方案和实施扫描两个阶段。

1. 制订扫描方案

为了获得完整的三维场景信息，首先要对扫描目标以及周围环境进行实地勘查，根据仰角及遮挡情况确定各个扫描站点，实施多测站、多角度的场景扫描。

2. 实施扫描

根据测量区域的大小、复杂程度和精度要求，确定扫描路线，布置扫描站点，确定扫描站数及扫描系统至扫描场景的距离，确定扫描分辨率。

【成果展示】 小贴士：成果报告可以打印出来粘贴到文本框内哦！

任务 4.3　实景三维地图数据处理

🏠 任务导入

三维激光扫描仪在采集数据的过程中受到实际环境的影响（如移动的车辆、行人、树木的遮挡及实体本身的反射特性不均匀等），会形成散乱点或者空洞等。同时，没有经过筛选的数据，对后期处理会产生不良影响。三维激光数据处理是一个复杂的过程，从数据获取到模型建立，需要经过一系列的数据处理过程。点云数据处理过程都有哪些？操作流程是什么？带上这些问题，让我们开始"实景三维地图数据处理"的学习之旅吧。

🏠 任务目标

【知识目标】

1. 掌握点云数据的拼接方法。
2. 掌握点云数据的去噪方法。
3. 掌握点云数据的抽稀方法。

【能力目标】

1. 能描述点云数据的拼接、去噪和抽稀流程。
2. 能使用点云数据处理软件进行数据预处理。

【素养目标】

1. 培养学生的求知探索精神。
2. 培养学生较好的规范意识。
3. 培养学生较好的团队协作意识。

🏠 理论学习

在三维激光扫描的过程中，点云数据的获取常常会受到物体遮挡、光照不均匀等因素的影响，容易造成复杂形状物体的区域扫描盲点，形成孔洞。同时，由于扫描测量范围有限，对于大尺寸物体或者大范围场景，不能一次性进行完整测量，必须多次扫描测量，因此扫描结果往往是多块具有不同坐标系统且存在噪声的点云数据，不能够完全满足用户对数字化模型真实度和实时性的要求，所以需要对三维点云数据进行去噪、简化、配准以及补洞等预处理。

知识点 1　点云数据拼接

点云拼接（Point Cloud Registration）又名点云配准、点云注册，对于两帧有重叠信息的点云，通过求解变换矩阵（旋转矩阵 R 和平移矩阵 T），使得重叠部分点云变换到同一个

统一的坐标系下。点云拼接是点云数据处理时最主要的数据处理之一。

1. 点云拼接的工作原理

点云拼接的工作原理是激光雷达由于受到环境等各种因素的限制，在点云采集过程中单次采集到的点云只能覆盖目标物表面的一部分，为了得到完整的目标物点云信息，就需要对目标物进行多次扫描，并将得到的三维点云数据进行坐标系的刚体变换，把目标物上的局部点云数据转换到同一坐标系下。点云拼接需要找出初始点云和目标点云之间的对应关系，然后通过这个对应关系将原始点云和目标点云进行匹配，并计算出它们的特征相似度，最后统一到一个坐标系下。

点云拼接通常可分为两个步骤，分别是粗拼接和精拼接。

1）粗拼接，即点云的初始拼接，指的是通过一个旋转平移矩阵的初值，将两个位置不同的点云尽可能地对齐。

2）经过粗拼接之后，两片点云的重叠部分已经可以大致对齐，但精度还远远达不到自动驾驶车辆的定位要求，需要进一步做精拼接。

2. 点云拼接的方法

点云数据的拼接方法主要分为特征的点云数据拼接和基于特征的点云数据拼接。基于特征的点云数据拼接主要包括基于标靶的拼接、点云的拼接、控制点的拼接等。

（1）标靶拼接　标靶拼接是点云拼接最常用的方法，首先在扫描两站的公共区域放置 3 个或 3 个以上的标靶，依次对各个测站的数据和标靶进行扫描，最后利用不同站点相同的标靶数据进行点云拼接。每一个标靶对应一个 ID 号，同一标靶在不同测站的 ID 号必须一致，才能完成拼接。

（2）点云拼接　基于点云的拼接方式要求在扫描目标对象时要有一定的区域重叠度，而且目标对象特征点要明显，否则无法完成数据的拼接。此方法需要依靠寻找重叠区域的同名点进行拼接，因此重叠区域特征点的确定直接关系到拼接结果的好坏。

（3）控制点拼接　为了提高拼接精度，三维激光扫描系统可以与全站仪或 GPS 技术联合使用。通过全站仪或者 GPS 确定公共控制点的大地坐标，然后用三维激光扫描仪对所有公共控制点进行精确扫描。再以控制点为基站直接将扫描的多测站的点云数据与其拼接，即可将扫描的所有点云数据转换成工程实际需要的坐标系。

知识点 2　点云数据去噪

三维激光扫描仪在扫描目标时，会受到扫描设备、周围环境、人为扰动、目标特性等影响，使得点云数据不可避免地存在许多冗余点和噪声点。噪声不仅会增加点云数据量，而且会影响建模的效率和精度，必须予以去除。

1. 噪声点的类型

噪声点主要分为三类：

1）由于物体表面材质或光照环境导致反射信号较弱等情况产生的噪点。

2）由于扫描过程中，人、车辆或其他物体从扫描仪器与物体之间经过而产生的噪点。

3）由于测量设备自身原因，如扫描仪精度、相机分辨率等引起的系统误差和随机误差。

2. 数据去噪的方法

数据去噪的方法可以根据不同的情况分为不同的处理方法：

（1）基于有序点云数据去噪　常用平滑滤波去噪法，目前数据平滑滤波主要采取的是高斯滤波、均值滤波以及中值滤波。

1）高斯滤波属于线性平滑滤波，是对指定区域内的数据加权平均，可以去除高频信息，其优点为能够在保证去噪质量的前提下保留住点云数据特征信息。

2）均值滤波也叫平均滤波，是一种较为典型的线性滤波，其原理为选择一定范围内的点求取其平均值来代替其原本的数据点，其优点为算法简单易行，缺点为去噪的效果较为平均，且不能很好地保留住点云的特征细节。

3）中值滤波属于非线性平滑滤波，其原理是对某点数据相邻的三个或以上的数据求中值，求取后的结果取代其原始值，其优点在于对毛刺噪声的去除有很好的效果，而且也能很好地保护数据边缘特征信息。

（2）基于散乱点云数据去噪　常用的方法为拉普拉斯算法、双边滤波算法、平均曲率流算法。

1）拉普拉斯算法虽然能够很好地保证模型的细节特征，但是还会残存有噪声点。

2）双边滤波算法虽然能够很好地去除噪声点，但是不能够很好地保留住模型的细节特征。

3）平均曲率流算法是依赖于曲率估计，对于模型简单噪声点较少的数据去噪效果较好，而对于复杂且噪声点多的数据，其计算速度慢且去噪效果较差。

知识点 3　点云数据精简

数据精简就是在精度允许的情况下减少点云数据的数据量，提取有效信息。一般分为两种：去除冗余与抽稀简化。

1. 去除冗余

冗余数据是指在数据拼接之后，其重复区域的数据，这部分数据的数据量大，多为无用数据，对建模的速度以及质量有很大影响，对于这部分数据要予以去除。

2. 抽稀简化

抽稀的主要目的是用更少的点精确表征地面、地物的特征，在点云密度和数据精度之间达到平衡，以提高数据的操作运算速度、建模效率以及模型精度。常见点云数据抽稀算法如下：

（1）随机采样算法　随机采样算法是指在进行数据抽稀时以一定的随机采样规则进行数据抽稀的算法，它包括基于虚拟规则格网的抽稀算法、基于系统的抽稀算法等。

（2）基于不规则三角网（TIN）的抽稀算法　基于 TIN 的抽稀算法的基本思想是：基于原始数据点构建的三角网模型，以一个数据点为中心判断点，求出包含该数据点的所有三角形的法向量。

（3）基于高程的算法　基于高程的算法是指在进行数据抽稀时主要考虑数据点的高程与邻近数据点的高程或区域高程平均值的关系来判断某个数据点的保留与否。

📁 学习测验

1.【多选题】根据噪声点的空间分布情况，可将噪声点大致分为（　　　）。

A. 飘移点   B. 孤立点   C. 冗余点   D. 混杂点

2.【简答题】简述点云抽稀的作用。

_____

_____

3.【简答题】简述点云数据的处理流程。

_____

_____

研精致思

通过对实景三维地图数据处理的学习，请大家思考：如果我们不针对采集的点云数据进行预处理，直接使用会得到怎样的结果？

_____

_____

_____

_____

_____

任务实施

实景三维地图点云数据处理

【任务要求】

三维激光扫描仪采集的点云数据不能直接使用，需要对数据进行预处理。通过本任务的学习，结合所学知识，查阅相关资料，请大家以 5 人 / 组为单位，利用处理软件对采集到的点云数据进行预处理，得到处理好的结果并成图，派代表进行成果汇报。

【成果展示】小贴士：成果图可以打印出来粘贴到文本框内哦！

任务 4.4　实景三维地图可视化

🏠 任务导入

三维激光扫描仪所得到的点云是由不规则的离散点构成的，点云之间并没有构成建筑物的实际表面，所以要得到建筑物有拓扑关系的真实表面，还要恢复建筑物表面的这种拓扑关系，即构建三维建筑模型。点云数据三维建模方式都有哪些？建模过程是怎样的呢？带上这些问题，让我们开始"实景三维地图可视化"的学习之旅吧。

🏠 任务目标

【知识目标】

1. 掌握点云数据三维建模方法。

2. 了解点云数据建模软件。

3. 掌握点云数据建模和纹理贴图流程。

【能力目标】

1. 能描述点云数据三维建模方法。

2. 能使用三维建模软件实现点云数据建模和纹理贴图。

【素养目标】

1. 培养学生的求知探索精神。

2. 培养学生较好的规范意识。

🏠 理论学习

知识点 1　点云数据三维建模方法

对三维点云数据进行处理后，需要构建其三维模型，即将散乱的三维点云数据进行空间化组织。点云数据三维建模主要分为两大类，一类是自动化程度较高的基于三角网格建模，另一类是人工参与基于提取特征参数方式建模。

1. 基于三角网格建模

基于三角网格建模是一种常用的三维模型构建方法，其基本原理是将三维空间中的点云数据转换为三角网格，通过对三角网格进行处理和分析，实现三维模型的构建。

基于三角网格建模的步骤如下：

（1）数据采集　通过三维激光扫描仪等设备采集三维点云数据。

（2）数据预处理　对采集到的数据进行预处理，包括去除噪声、过滤无效数据等操作。

（3）构建三角网格　将预处理后的点云数据转换为三角网格，可以采用 Delaunay 三角剖分等方法进行实现。

（4）三角网格优化　对构建的三角网格进行优化，包括去除细小特征、填充孔洞等操作。

（5）三维模型构建　根据优化后的三角网格，利用相关算法进行三维模型构建。

基于三角网格建模的优点：

1）适用于大规模点云数据处理，能够有效地减少数据量，提高计算效率。

2）可以处理复杂的几何形状和细节，能够保留模型的真实细节和特征。

3）可以进行高效的模型检索和查询，有利于模型的数据管理和可视化。

需要注意的是，基于三角网格建模也存在一些缺点，如构建的三角网格可能存在误差和噪声，需要对数据进行预处理和优化。同时，对于一些复杂的三维模型，基于三角网格建模的方法可能会比较耗时和复杂

2. 基于提取特征参数方式建模

这种方法主要通过提取建筑物的点和线等特征参数信息，比如建筑物的房角点、轮廓线等，根据人工参与的方式参照点云数据构建目标物的线、面和体，形成三维模型。在这种方法中，首先需要采集目标物的点云数据，这些数据可以通过激光扫描、三维摄影、结构光测量等技术获得。

在获取点云数据后，可以通过以下步骤来提取目标物的特征参数信息：

（1）数据预处理　对点云数据进行预处理，包括去除噪声、过滤无效数据、对齐和拼接等操作，以保证数据的准确性和完整性。

（2）关键特征点提取　在预处理后的点云数据中，可以通过一定的算法和人工参与的方式提取出目标物的关键特征点，可以通过这些点来对目标物进行定位和形状描述。

（3）轮廓线提取　通过关键特征点和其他特征点，可以拟合出目标物的轮廓线。轮廓线是描述目标物形状的重要特征，可以用于构建目标物的基本形状和结构。

（4）线、面和体构建　在提取出目标物的轮廓线后，可以进一步通过线、面和体的构建来形成目标物的三维模型。这个过程通常需要人工参与，对轮廓线进行平滑处理、细节完善、结构调整等操作，以保证目标物模型的准确性和美观度。

（5）模型优化　在完成初步的三维模型构建后，可以通过一些优化算法来进一步提高模型的精度和质量。例如，可以采用表面重建算法来对模型进行平滑处理，或者采用网格优化算法来减少模型的复杂度等。

需要注意的是，通过提取特征参数信息来构建目标物三维模型的方法需要大量的人工参与和专业知识。因此，这种方法需要耗费大量时间和人力成本，但其优点在于可以得到高精度的目标物三维模型。

知识点 2　点云数据建模软件介绍

目前，点云数据处理及后期建模软件一般可归为专用软件和通用软件两类。专用软件是指各三维激光扫描仪厂家研制的随机软件，可以在获取数据的同时或扫描后对数据进行处理，通用的软件有 Geomagic Studio、Imageware，可用于激光点云数据处理及三维建模。传统的建模软件有 3DMax、AutoCAD 等，下面将对部分软件进行简要介绍。

1. Geomagic Studio

Geomagic Studio 以其高效、自动化和强大的点云及多边形网格处理能力被广泛应用于包括逆向工程、文物保护、自动重造等众多领域中。在点云数据处理方面，Geomagic Studio 提供了多种数据压缩及去噪的方法，不仅适用于零件、文物等较小的点云模型，在建筑物点云数据处理中也能得到很好的效果。

2. 3D Max

3D Max 作为一款集三维建模、动画制作及渲染于一体的 CAD 软件，其具有易学易用、建模效果逼真、可扩展性好等优点，被广泛应用于广告设计、建筑设计、动漫、游戏开发等众多领域。

 **学习测验**

1.【单选题】常用的点云数据建模软件不包括（　　　　）。

A. 3D Max　　　　　　　　　　　　　　B. Geomagic Studio

C. QGIS　　　　　　　　　　　　　　　D. SketchUp

2.【简答题】简述点云数据的三维建模的过程。

_____

_____

3.【简答题】简述实景三维地图可视化的过程。

_____

_____

研精致思

通过对实景三维地图可视化的学习，请大家思考：除了本任务讲述的可视化方法以外，还可以通过哪些方法进行实景三维地图的可视化？

_____

_____

_____

_____

任务实施

实景三维地图可视化

【任务要求】

通过本任务的学习，大家知道了通过三维建模软件，对点云数据进行建模、实景纹理赋予，完成实景三维地图的可视化流程。那么请大家以 5 人 / 组为单位，结合本任务所学知识，查阅相关资料，对已预处理后的点云数据进行三维建模、赋予实景纹理，完成测区的实景三维地图可视化并制作，形成报告，派小组代表进行成果汇报。

【成果展示】小贴士：可视化报告可以打印出来粘贴到文本框内哦！

拓展视野

实景三维中国建设

近期，自然资源部办公厅印发通知，全面推进实景三维中国建设，引发业界高度关注。实景三维中国建设将给测绘地理信息行业带来哪些机遇与挑战？如何发挥业界力量推动实景三维中国建设？

1. 为什么要把实景三维作为国家重要新型基础设施

李德仁：实景三维是对人类赖以生存、生产和生活的自然物理空间进行真实、立体、时序化反映和表达的数字虚拟空间，是国家新型基础设施建设的重要组成部分，为经济社会发展和各部门信息化与智能化提供统一的空间基底，是建设数字中国、智慧社会指示的重要技术支撑。

第一，我国经济发展、规划管理中，对空间信息的需求从空间粒度和内容粒度上都提出了新的要求。空间上，已经从粗粒度走向细粒度，原有地图的清晰度、分辨率和组织方式已经不能满足整个国家生产建设和管理的需求；内容的粒度上，如土地、土壤、植被原来分解得不够精细逼真，用符号化表达也不便于各专业使用，要通过实体化和语义化的实景三维方法来表达实体空间，以满足经济建设对空间信息的需求。

第二，国家的发展需要空间信息从二维走向三维，从室外走向室内，从地上走向地下和海洋。城市往立体空间上纵向发展导致原有的以二维为基础的空间信息数据体系跟不上需求了，就需要把城市三维化，并且按照高度分解成每一个楼层、地上地下空间等实体和单元，将城市地理信息系统（GIS）和建筑信息模型（BIM）技术融合，才能实现城市精细化管理。

第三，我国社会万物互联高动态发展对数字孪生提出更多需要。社会高动态发展需要时序化的统一空间底座作为载体，连接人车物和水电气等物联感知数据，这就把物理空间延伸到物理空间与网络空间一体化，进入新的万物互联时代，也就是数字孪生时代。实景三维不仅是数字孪生时代的数字底座，更为新基建提供完整性好、现势性强、精准度高的时空数据，可在新基建的三个方面——信息基础设施、融合基础设施和创新基础设施同时发力，推进数字产业化、产业数字化及数字经济的发展。

2. 全面推进实景三维中国建设，技术上面临哪些难题

李德仁：实景三维中国建设过程中涉及面广、覆盖面全、任务量大、新探索多。因此，自主可控、自动化、智能化技术体系的建设是必然要解决的技术难题。

一是自主可控技术体系的建设。实景三维中国建设中包含大量的高精度地理信息，具有天然的保密性。我们首先需要实现关键技术和处理工具的国产化替代，建立自主可控的技术体系。同时，实景三维中国是基于第二个百年奋斗目标的新定位，采用新技术、面向新问题、采用新标准的全新测绘体系，涉及实体、语义、本体、全息等一系列新的测绘概念，且在建设过程中难免存在大量的探索和尝试，需要自主可控和合乎我国国情的技术加以支撑。

二是智能化与自动化的高效数据生产工艺。在此方面，至少有下列技术问题亟待解决。一方面是空地多角度多源数据的融合处理。由于植被遮挡、建筑物密集程度及地物立体结构

（如屋檐、高架桥）特点，航空角度必然会存在大量死角和盲区，采用空地多平台采集是全面采集数据的必由之路。目前，该方向有大量的研究成果，但产品级转化进程滞后。因此，多角度多源影像数据和激光雷达数据自动化高效融合处理将是实景三维中国建设的重点方向。另一方面是自动语义化提取与实体动态单体化。面向各种行业应用，在倾斜摄影三维模型、激光点云、遥感影像的基础上，进行人工智能语义化提取、实体对象识别、三维模型单体自动生成、实体对象轮廓和图元提取，将大大提升面向应用的实体数据生产效率，该方向一旦有成熟的产品或解决方案，必然会纳入实景三维中国建设的数据生产体系。

项目五
拓展项目实践

项目任务

高精地图在自动驾驶车辆从感知到做出决策规划这一环节中起着至关重要的作用，可以说是自动驾驶系统的"天眼"。高精地图中涵括了大量的道路时空信息、道路标线、道路标志、交通信号灯以及停车场等，在多个应用场景中有着非常广泛的需求，如在智能停车场中使用高精地图，可以清晰了解整个停车场的布局以及车辆位置信息，解决驾驶人的停车焦虑。又如在矿区运输业中，由于矿区运输道路封闭，矿车单班次都在相对固定的路线上进行点对点运输，通过自动驾驶可以很好地解决以上问题，这同样需要高精地图的支持。本项目的任务就是为自动驾驶小车制作地下停车场及模拟矿区的高精地图。通过本项目的学习和实践，应能了解在不同场景的数据采集流程，并能使用相关设备和软件完成高精地图的制作。

项目目标

【知识目标】

1. 掌握高精地图数据采集的方式。
2. 掌握高精地图数据处理的方法与注意事项。
3. 掌握高精地图相关采集设备的使用方法。
4. 掌握高精地图相关软件的使用方法。

【能力目标】

1. 能使用高精地图采集设备进行道路数据采集。
2. 能使用高精地图预处理软件对道路原始数据进行预处理。
3. 根据高精地图数据软件的使用方法，完成车道分界线、车道中心线、道路中心线的制作。

【素养目标】

1. 具有良好的团队合作精神与意识，分工合作完成工作任务。
2. 具有良好的沟通能力，有效地进行工作沟通。
3. 具有良好信息检索的能力，接受新知识与新技能。
4. 具有良好的职业素养，能严格按要求进行作业。

任务 5.1 地下停车场地图制作

任务导入

高精地图是自动驾驶系统三大必要条件之一，停车场高精地图随着当前道路自动驾驶技术的成熟和商业变现的现实性而兴起。车位级停车导航、APA（自动泊车辅助系统）、AVP（自动代客泊车）等功能应运而生，并逐渐成为新车标配，而想要实现以上功能，停车场高精地图是先决条件。

本任务要求是通过之前所学习的三维激光扫描仪采集数据的流程和 GoSLAM 三维激光扫描移动测量系统的使用方法，完成对地下停车场的高精地图数据采集，并完成地图制作。

任务目标

【知识目标】

1. 掌握三维激光扫描仪的组成及操作流程。

2. 掌握地下停车场高精地图数据采集的方式和注意事项。

【能力目标】

能使用三维激光扫描仪设备进行地下停车场数据采集。

【素养目标】

1. 培养学生运用辩证思维去分析问题。

2. 培养学生严格按照三维激光扫描仪设备的使用要求进行数据采集，养成较好的规范意识。

理论学习

知识点 地下车库的数据采集和地图制作

地下停车场停车位是建筑在地下并可供机动车长期或临时停放的区域，由停车线按一定大小划分了每辆车的停车区域。地下停车场与不同等级的城市道路相配合，满足不同规模的停车需要，对城市中心区的交通起到非常重要的调节和控制作用。高精度的地下停车场停车位数据对室内定位导航与控制，以及安全至关重要，如何生成高精度地图也是智慧停车领域亟待解决的问题。

目前，对于地下停车场的三维场景的复现，三维激光扫描是最好的解决方案，地下空间通视条件差、结构复杂等特殊性决定了其在三维建模时，难以采用常规仪器采集数据，三维激光扫描技术采用非接触测量方式精确获取到被测物体的空间几何信息，通过密集的点云数据可快速复建出物体的三维模型。

它可以实现停车场内部的精准定位，通过停车场室内地图，可以清晰了解整个停车场的布局以及车主的车辆位置。室内地图上还能显示停车场内的设施信息，如出入口、楼梯、电梯、卫生间、充电停车位、残疾人停车位等，可以根据车主需求提前进行停车位规划管理。

1. 采集路径规划注意事项

1）地下停车场数据采集时，若地下停车场较小，可以在停车场外比较空旷的位置，大约保证搜星在 20 颗以上的位置进行绕 8 字操作后再进入停车场（采集时间不宜过长，越短越好），即可同步获取停车场的地理坐标；若地下停车场较大，则必须进行分块采集，每一小块都按"日"字操作即可获取详细点云数据。分成多个工程采集，采集后可用粗拼接 + ICP 精拼接进行拼接。

2）地下室内采集时，采集路线需要事先规划好，以免临时的采集需要重采、漏采、路线繁杂等。地下停车场的采集路线以"日"字形为主，走一个闭合路线。采集过程中注意天线位置的高度，避免与管道等设施碰撞。需要转弯或者蹲下通过的地方，务必要慢，避免数据分层等。

3）如果路线规划中需采集车库外地面上的数据，建议将起始和结束点选在停车场之外的地面上。

4）单次数据采集时长控制在 20min 左右。

2. 高精地图制作

将路径规划采集的数据通过解算得到点云数据，导入制图软件中，进行高精地图中各要素层的绘制。

地下停车场场景复杂，包括出入口标志牌、车辆位置标志牌、斑马线、车道线、箭头标线等地面标志，还有墙面标志，充电桩等地物信息。可以在制图软件菜单栏的"地图"中，选择要绘制的形状类型，对应绘制不同的场景要素。

绘制完成的地下停车场高精地图涵盖停车场背景、路网、标志、车位、设施等要素，可满足自动驾驶的泊车需求，帮助车主实时、快速地找到相应的停车位，帮助停车管理方、物业等提高车辆的管理效率与运营效率。

学习测验

1. 【多选题】停车场室内高精地图可以显示的设施信息有（　　　）。

A. 出入口　　　　　　B. 楼梯、电梯　　　　C. 卫生间　　　　　　D. 停车位

2. 【单选题】地下停车场单次数据采集时长控制在（　　　）min 左右。

A. 5　　　　　　　　B. 10　　　　　　　　C. 20　　　　　　　　D. 60

3. 【多选题】三维激光扫描设备的作用是（　　　）。

A. 测距　　　　　　　B. 定位　　　　　　　C. 探测　　　　　　　D. 三维成像

4. 【判断题】地下停车场数据采集时，若地下停车场较大，则必须进行分块采集。（　　　）

5. 【判断题】高精地图的绝对精度小于 1m。（　　　）

研精致思

通过对地下停车场地图制作的学习，请大家思考：地下停车场地图的采集路径规划有哪些注意事项？

_____

_____

_____

_____

_____

 任务实施

地下停车场高精地图的制作

【任务要求】

为了支持学校数字化校园建设，需要同学们利用三维激光扫描移动测量系统，完成对校园地下停车场的高精地图数据采集。请大家以 5 人 / 组为单位，根据三维激光扫描移动测量系统的使用手册和操作视频，分工合作，相互配合，完成地下停车场高精地图数据采集，并派代表进行成果汇报，主要包括小组成员分工、任务实施步骤及注意事项，采集数据展示及心得体会等。

【任务步骤】

三维激光扫描移动测量系统采集数据的操作步骤见微课视频"GoSLAM 采集数据的流程"。

1）组装手持 GoSLAM 三维激光扫描仪。

2）在外业采集地点（地下停车场）启动设备。

3）开始扫描，采集坐标点。

4）扫描完成回环效果。

【成果展示】小贴士：成果可以打印出来粘贴到文本框内哦！

任务 5.2　矿区地图制作

🏠 任务导入

由于矿山地形复杂，采用全站仪和 GPS 等传统测量手段进行高精度测绘往往费时费力。此外，矿区边缘比较难以实地测量，在对矿体边缘进行精确测量时，偶有落石、落矿等情况发生，每一次的测量都面临极大的挑战。随着数字矿山概念的提出，矿山管理对空间三维信息的需求也变得十分迫切，三维可视化的管理模式已经成为数字矿山的重要内容之一。

对于矿区而言，根据路面几何结构、矿车运输道路位置、周边道路环境点云模型等高精度三维表征，无人驾驶矿车就可以通过比对车载 GPS、IMU、LiDAR 或摄像头数据来精确确认自己的当前位置。此外，高精地图还能帮助无人车识别矿区内的石块、行人及未知障碍物，并且由于矿区作业区域会随着采挖工作的不断进行而改变，这些都要求高精地图要比传统地图有着更高的实时性。

本任务的目的是为自动驾驶矿车制作一张矿区的高精地图，要求通过使用机载激光雷达（图 5-1），完成对矿区的高精地图数据采集。

图 5-1　无人机机载激光雷达

🏠 任务目标

【知识目标】

1. 掌握机载激光雷达数据采集设备的结构和操作流程。

2. 掌握机载激光雷达设备矿区高精地图数据采集的方法。

【能力目标】

能使用机载激光雷达设备进行矿区地图数据采集。

【素养目标】

1. 培养学生运用辩证思维去分析问题。

2. 培养学生严格按照机载激光雷达设备的使用要求进行数据采集，养成较好的规范意识。

 **理论学习**

知识点 1 大疆禅思 L1 的操作流程

无人机机载激光雷达获取空间信息的速度快、效率高、作业安全。机载激光雷达通过飞行器的飞行和激光脉冲的扫描完成探测工作，能在短时间内获取大区域、大范围的地表空间信息，工作效率较高。和传统的人工测量的技术手段相比，极大地减少了工作量，缩短了外业测量的时间，提高了探测工作的效率。接下来将以大疆禅思 L1 为例介绍无人机设备结构及数据采集流程。

1. 了解大疆禅思 L1

大疆禅思 L1 是一款无人机负载云台摄像头，集 Livox 激光雷达模块、2000 万像素测绘摄像头、高精度惯导和三轴云台于一身，最远测距可达 450m，融合激光和可见光数据，实时生成具有真实色彩的高密度点云，后处理点云精度可达厘米级。L1 可实时呈现三维点云，为矿区作业区域高精地图的实时性要求提供了重要的支撑。

大疆禅思 L1 搭载在大疆经纬 M300RTK 飞行平台上（图 5-2），可实现全天候、高效率实时三维数据获取以及复杂场景下的高精度后处理重建。

图 5-2 大疆禅思 L1（左）和大疆经纬 M300RTK（右）

2. 操作流程

大疆禅思 L1 的基本操作流程一般内容如下：

（1）检查点布设 在地形测绘作业中，一般可使用全站仪、RTK 设备测量若干检查点来检核精度。大疆禅思 L1 的成果是 las 格式三维点云，与使用可见光获取的三维模型不同，点云没有结构信息，因此在检查点布设时与可见光会有所差别。

（2）开机预热 为保证数据采集的精度，大疆禅思 L1 在起飞前需要开机静置预热惯导，预热时间大概 3~5min（实际预热时间与当前传感器温度和环境温度等因素有关），待听到预热完成的提示音后再开始任务。

（3）规划航线 新建"建图航拍"任务，可导入一个面状类型的 KML 或手动在地图上进行规划。

地形测绘推荐参数设置如下：

摄像头类型：选择"禅思 L1"后，选择"雷达建模"。

点云密度：每平方米多少个点，与飞行高度、重叠度、飞行速度、扫描方式、云台朝向等参数有关。点云密度应是数据成果的一个核心指标，应根据点云密度来进行飞行速度和其他参数的设置。

负载设置—回波模式：三回波；

负载设置—采样频率：160kHz；

负载设置—扫描模式：重复扫描；

负载设置—真彩上色：打开。

参数设置完成后，保存并上传任务，开始执行作业。

（4）开始数据采集 在开启"惯导标定"功能后，M300RTK 会自动在航线中黄色航线位置进行 3 次来回加减速飞行，此动作为校正大疆禅思 L1 的惯导系统，校正过程中不会采集数据。飞行过程中，可通过点云 / 分屏 / 三维浏览等形式查看采集的数据成果，成果显示也可以切换。如遇断点续飞，则在断点处会自动进行来回 3 次加减速校正。

（5）数据存储 采集的数据会存储在 micro SD 卡的 DCIM 文件夹，以任务名命名，检查文件是否完整。文件夹中应包括后缀名为 CLC（雷达摄像头标定数据）、CLI（雷达 IMU 标定数据）、CMI（视觉标定数据）、IMU（惯导数据）、LDR（激光雷达点云原始数据）、MNF（视觉数据，此文件目前没有也不影响）、RTB（RTK 基站数据）、RTK（RTK 主天线数据）、RTS（RTK 副天线数据）、RTL（杆臂数据）以及 JPG（照片数据）。

如缺少 .RTB 文件，则是因为飞行过程中没有连接 RTK 或 RTK 断联导致的，数据将不能处理，此时通过连接网络 RTK/ 架设 RTK 基站，可自架基站。

知识点 2 矿区的数据采集和处理

在进行机载激光雷达矿区外业作业时，需要制订详细的作业计划，包括布置外业控制点、计划航线、计算行高、旁向重叠度等，另外还要进行各种参数的检校等。完成外业任务后，得到的数据主要有 GPS 数据、IMU 数据、时间数据、激光距离量测值、各波段的记录值。先将这些数据进行联合处理以得到激光脚点的三维坐标值以及对应的波段数值，然后进行数据的预处理，得到规则网格数据，进行去噪处理（去除和抑制噪声），进行数据滤波处理，将地面点与非地面点分开，得到 DEM。最后对非地面点进行分类处理，得到想要的地物数据，以达到相应的处理目标。

机载激光雷达数据采集处理的一般内容如下：

（1）确定飞行航迹 首先通过地面 GPS 的基准站和机载 GPS 测量数据的联合差分结算，可以精确确定航摄过程中飞机的飞行轨迹。

（2）激光脚点三维空间坐标的计算 利用相应软件，对飞机 GPS 轨迹数据、飞机姿态数据、激光测距数据及激光扫描镜的摆动角度数据进行联合处理，最后得到各测点的（X，Y，Z）坐标数据，称为"激光点云"数据。

（3）激光数据的噪声和异常值剔除 由于水体对激光的吸收、镜面反射以及其他原因，使有些地面点无明显的回波信号，从而得不到测距值。此外，由于电路、飞鸟、局部地形等原因，也会使数据中产生异常距离值，称为局外点（测距值远大于飞行高度的点或测距值特别小的点）。在数据处理时，必须进行预处理，将这些局外点剔除。

（4）滤波 在 LiDAR 数据生成数字高程模型（DEM）时，借用了数字信号处理的概念，将 DSM 数据看作原始数据，将地面点集合（DEM）看作信号，其他的地物信息看作噪声，把从 DSM 数据中除去非地面点数据而得到地面点数据的过程称为滤波。

（5）航带拼接　与传统的航空摄影测量一样，LiDAR 数据采集作业时，由于航高和扫描视场角的限制，要完成一定的作业面积必须飞行多条航线，而且这些航线还必须保持一定的重叠（10%~20%）。由于各种误差的存在和影响，使得相邻航带间的数据存在系统误差和随机误差，造成高程不一致，必须加以消除。通过相邻航带间的拼接检查，还能够评估 LiDAR 系统的系统误差，得到改正参数，从而消除航带间的系统误差。

（6）激光点云分类　数据分类处理完毕后，一些不必要的数据被剔除，数据量将减小，数据文件也将减小。根据具体要求，分类后的数据将以 ASCII 或二进制的形式输出。

（7）坐标转换　利用 POS 设备动态定位所提供的坐标和高程属于 GPS 所用的 WGS-84 坐标系统，而用户需要的是属于某一国家坐标系统或当地的坐标系统，因此必须进行坐标转换。

学习测验

1.【单选题】大疆禅思 L1 的惯导数据文件后缀为（　　　）。

A. CLC   B. RTB   C. IMU   D. JPG

2.【单选题】为了保证飞行器和遥控器之间的正常连接，排除各种影响飞行器和遥控器图传信号的因素，一般需要从以下哪些方面进行检查？（　　　）

A. 飞机和遥控器中间不能有障碍物阻挡

B. 遥控器天线的平行面需要指向飞机

C. 建议飞机和遥控器距离不要太远

D. 所有选项全部需要检查

3.【单选题】以下关于矿区特点的说法，错误的是（　　　）。

A. 矿区边缘往往比较难以实地测量

B. 三维可视化的管理模式已经成为数字矿山的重要内容之一

C. 矿区高精度地图要比传统地图有着更高的实时性

D. 矿山地形简单，采用全站仪和 GPS 等传统测量手段即可轻松完成高精度测绘工作

4.【判断题】合适的无人机起飞点要求起飞环境空旷，周边无干扰因素。（　　　）

5.【判断题】大疆禅思 L1 在起飞前无须预热，可以直接开始任务。（　　　）

研精致思

通过对矿区地图制作的学习，请大家思考：使用机载激光雷达进行矿区地图的数据采集处理有哪些内容？

_____

_____

_____

_____

🏠 **任务实施**

模拟矿区高精地图的制作

【任务要求】

在校园内或学校周边寻找一块区域作为模拟矿区，需要利用大疆 M300RTK 无人机搭配激光雷达禅思 L1，完成对模拟矿区的高精地图数据采集。请以 5 人 / 组为单位，先通过仿真软件了解大疆禅思 L1 的操作流程并完成仿真测评，测评合格后，按照大疆禅思 L1 数据采集流程，分工合作，相互配合，完成模拟矿区高精地图数据采集，并派代表进行成果汇报，主要包括小组成员分工、任务实施步骤及注意事项，采集数据展示及心得体会等。

【操作流程】

复习机载激光雷达的进行数据采集处理的基本流程。

1）检查点布设。

2）开机预热。

3）规划航线。

4）数据采集。

5）数据存储。

6）数据处理。

【成果展示】小贴士：成果可以打印出来粘贴到文本框内哦!

拓展视野

关于高精地图测绘资质的若干思考

高精地图作为推动自动驾驶汽车量产的关键因素，在业界获得了普遍认可。由于高精地图测绘活动涉及的地理信息数据关乎国防安全，在我国，从事高精地图测绘活动需要取得相应资质，研究测绘资质的相关法律法规要求，能够帮助企业合规进行高精地图相关自动驾驶测试活动及产品商用。

1. 自动驾驶量产需求催生了高精地图的商用需求

2020年，随着分级标准和量产车型相继发布，L3级自动驾驶汽车量产受到广泛关注。同年3月4日，广汽新能源表示，Aion LX为全球首个搭载高精地图并实现L3级自动驾驶的可交付车型；3月10日，长安汽车通过在线直播展示了中国首个L3自动驾驶量产体验项目（基于UNI-T车型）。

以上车型均采用了低成本路线，以"毫米波雷达＋超声波雷达＋摄像头"为主要传感器，构成了车辆的感知系统。然而，毫米波雷达和摄像头功能互补，但并不冗余，高精地图便成为必要的感知配置。长安UNI-T的L3级自动驾驶系统搭载了ADAS地图，广汽Aion LX搭载了高精地图。

2. 高精地图测绘资质的相关法律法规研究

目前我国主管部门把高精地图作为导航电子地图的衍生产品，采用导航电子地图相关法律法规对高精地图测绘活动进行管理。高精地图测绘资质的相关法律法规主要涉及定义、归属、资质类别、外商投资、资质要求等方面。

（1）高精地图的数据采集和制作都属于测绘活动　根据《测绘法》定义，测绘是指"对自然地理要素或者地表人工设施的形状、大小、空间位置及其属性等进行测定、采集、表述，以及对获取的数据、信息、成果进行处理和提供的活动。"高精地图数据采集需要由专业采集车辆或众包车辆对道路及其周边地理要素或人工设施的特征（形状、大小、空间位置）进行实时采集、处理以及提供，后期高精地图的制作还要由图商进行编辑加工和数据转换，符合《测绘法》对于测绘活动的定义，应由《测绘法》加以规制。

（2）自动驾驶地图按导航电子地图来管理　目前测绘资质管理规定未单设"高精地图"专项资质。原国家测绘局2016年出台了《关于加强自动驾驶地图生产测试与应用管理的通知》，指出自动驾驶地图归属于导航电子地图的新型种类，自动驾驶地图生产资质管理参照导航电子地图制作的资质管理。导航电子地图制作单位在与汽车企业合作开展自动驾驶地图的研发测试时，必须由导航电子地图制作单位单独从事所涉及的测绘活动并拥有测绘成果。

（3）企业需要取得导航电子地图甲级资质方可从事高精地图测绘活动　地理信息涉及国家秘密，在中国从事高精地图测绘活动需要获取导航电子地图甲级资质。其中，《测绘法》第二十七条、《国务院关于加强测绘工作的意见》第十六条、《地图管理条例》第七条，均提出从事测绘活动需要依法取得测绘资质。《关于导航电子地图管理有关规定的通知》第一、二、九条，又进一步将导航电子地图测绘活动细分为数据采集、地图编制、质量测评、使用等子项，从事以上活动均需取得导航电子地图甲级资质。

（4）外资从事导航电子地图编制活动受限　外资企业不能作为自动驾驶测绘的主体，必须选择与有资质的图商合作。我国《测绘法》第八条规定了外资来华测绘的基本原则：外资来华测绘必须采用合作的方式进行。这种合作在《外国的组织或个人来华测绘管理暂行办法》（以下简称《来华测绘暂行办法》）第六条中也有体现。《来华测绘暂行办法》第七条又进一步指出，即使合资、合作，外资也不得从事导航电子地图编制活动。原国家测绘局2007年发布的《关于导航电子地图管理有关规定的通知》第十二条也禁止外资涉足导航电子地图编制活动，在《外商投资产业指导目录》中，导航电子地图编制也一直是禁止条目。因此，外资汽车厂商必须和具备导航电子地图制作测绘资质的图商合作，才能合规开展涉及数据采集等自动驾驶车辆测试活动。

（5）资质要求对企业进行高精地图相关测试和应用活动形成一定阻碍　行业外企业及初创企业难以满足资质要求。《测绘资质分级标准》对导航电子地图制作资质在人员规模、仪器设备、保密管理、作业标准等方面给出了具体考核指标。导航电子地图制作专业标准设置的门槛相对较高，甲级需满足具备100人及以上（含注册测绘师5人，其中高级10人，中级20人）测绘及相关专业技术人员的条件。大多数传统整车厂商和自动驾驶地图初创企业难以满足上述要求，无法合法从事地图数据采集工作。与国外市场上相对繁荣的产业发展局面相比较，国内的自动驾驶地图业务主体相对单一。众包个体无法满足资质要求。我国《测绘法》对从事测绘活动的专业技术人员有执业资格要求，测绘人员进行测绘活动时，应当持有测绘作业证件。高精地图实时更新需要采用众包模式，每辆自动驾驶汽车都是一台"移动测量车"，但自动驾驶汽车的所有者作为普通消费者，难以满足测绘资质条件，且众包车主在自动驾驶过程中并非有意采集数据，也无意承担测绘活动的主体责任。

资料摘自《汽车与配件》2020年第10期

参 考 文 献

[1] 王伟军，李伟卿.北斗卫星导航系统高精度应用技术与实现［M］.武汉：湖北科学技术出版社，2021.

[2] 王融，曾庆化，等.导航系统理论与应用［M］.北京：航空工业出版社，2022.

[3] 祁晖，底晓强，等.车载通信与动态导航系统［M］.北京：国防工业出版社，2017.

[4] 魏浩翰，沈飞，等.北斗卫星导航系统原理与应用［M］.南京：东南大学出版社，2020.

[5] 黄宜庆.移动机器人导航、地图构建与控制研究［M］.长春：吉林大学出版社，2019.

[6] 何宽，陈旭.电子地图分析与导航［M］.郑州：黄河水利出版社，2021.

[7] 王希彬，戴洪德，等.无人机同时定位与地图创建技术［M］.北京：北京航空航天大学出版社，2022.

[8] 张虎.机器人 SLAM 导航核心技术与实战［M］.北京：机械工业出版社，2021.

[9] 余伶俐，周开军，陈白帆.智能驾驶技术路径规划与导航控制［M］.北京：机械工业出版社，2020.

参 考 文 献

[1] ... [M]. 北京: 机械工业出版社, 2021.
[2] ... [M]. 北京: 电子工业出版社, 2024.
[3] ... [M]. 北京: 机械工业出版社, 2017.
[4] ... [M]. 北京: 清华大学出版社, 2020.
[5] ... [M]. 北京: 人民邮电出版社, 2019.
[6] ... [M]. 北京: 机械工业出版社, 2021.
[7] ... [D]. 北京: 北京邮电大学, 2022.
[8] ... [M]. 北京: 国防工业出版社, 2021.
[9] ... [M]. 北京: 科学出版社, 2020.